AF266524

RESPONSE

DE IEAN BAPTISTE MORIN,
DOCTEVR EN MEDECINE, ET PROFESSEVR
du Roy aux Mathematiques.

A VNE LONGVE LETTRE DE
MONSIEVR GASSEND, PREVOST EN
l'Eglise Episcopale de Digne, & Professeur
du Roy aux Mathematiques.

TOVCHANT PLVSIEVRS CHOSES
BELLES ET CVRIEVSES DE PHYSIQVE,
Astronomie, & Astrologie.

AVEC

AVTRES PIECES SVIVANTES.

A PARIS,

M. DC. L.

RESPONSE

De Iean Baptiste Morin, Docteur en Medecine, & Professeur du Roy aux Mathematiques.

A vne longue Lettre de Monsieur Gassend, Preuost en l'Eglise Episcopale de Digne, & Professeur du Roy aux Mathematiques.

Touchant plusieurs choses belles & curieuses, de Physique, Astronomie & Astrologie.

MONSIEVR,

Ie ne sçay pas de quelle façon ie pourray plus parler de vous, pour ne vous irriter à faire des liures contre moy; si ce n'est que ie prêne la voye de n'en parler qu'en termes d'adorations, d'applaudissemens, de loüanges & de respects inoüis. Vous auez confessé d'auoir fait votre Apologie contre moy, pource principalement que ie vous auois conseillé en amy dans mon *Ala Telluris fracta*, de ne point aller à Rome auec votre Epitre *De motu impresso à motore translato*; par laquelle votre creance du mouuement de la Terre est beaucoup plus euidente, que n'est votre creance du contraire par votre protestation de foy, de peur d'y estre plus mal traitté que Galilée. Pour raison dequoy si ie n'ay merité vos remerciemens, pour le moins n'ay-je pas merité le venin de votre Apologie. Et en ma Lettre à Monsieur Gaultier, Conseiller au Parlement de Prouence, pour auoir repeté trois ou quatre fois, que ie vous tiendrois ma parole de ne respondre à votre Apologie; Et que ie vous croyois trop homme d'honneur pour en auoir consenty la publication, puis que par votre Lettre du 11. May dernier vous me juriez à foy d'homme d'honneur de n'y auoir point consenty: Pour raison dequoy i'ay creu ne meriter de votre part que complimens de ciuilité; Il m'est neantmoins arriué tout le contraire par votre implacable demengeaison d'escrire des Liures sur la moindre parole que vous vous imaginez faussement viser à la ruyne de votre vaste reputation assez mal fondée. Et vous estes tellement picqué de telle repetition (faite toutefois à propos selon ma naïueté) que pour cela vous vous estes de nouueau cabré, m'escriuant vne Lettre de huict fueilles entieres, ou trente-deux pages d'escriture bien menuë: En laquelle vous me traittez encor comme en votre Apologie (s'il ne faut dire pis) & y auez inferé la plus grande partie de l'Apologie, pour me donner de la terreur: Me preffant de reprendre ma parole, & me défiant de mettre l'efpée à la main contre vous pour y refpondre; comme fi ie n'en auois ny le cœur, ny le pouuoir.

Mais vous vous fuffiez bien paffé, de me faire encor cefte rodomontade, & fi mal à propos. Car bien que vos Idolatres Barancy & Neuré vous faffent plus grand qu'vn Geant, vous appellans fi fouuent *Maximum*; Et qu'eux en leur Preface & vous en votre Lettre ne me teniez que pour vn Mirmidon & Pigmée: fi ne me ferez vous iamais peur; puis que graces à DIEV ie n'ay encor iamais efté vaincu par qui que ce foit qui m'ayt voulu attaquer; & que ie ne vous iuge pas capable de me terraffer. Ie ne vous confidere que comme vn Saturne (planete malefique duquel vous tenez par trop) accompagné de vos deux mefchans Satellites Barancy & Neuré, qui font les enragez côtre moy à caufe de vous. Mais puis que i'ay la Iuftice de mon cofté, i'efpere bien de diffiper la malignité de ce Syfteme terreftre; fi ie ne peux diffiper tout à fait la maligne influence du Saturne celefte, & de ces deux Satellites, laquelle regne cette année fi puiffammét côtre moy. Seulement ie recognois & condamne ma trop grande fimplicité, de m'eftre forcé à croire votre innocence, fur votre fermét à foy d'homme d'honneur; contre ce que me difoit le Gentilhomme mien Amy, qui par de grands indices me vouloit perfuader le contraire. Car à prefent que ie voy le ftyle de voftre grande Lettre, & confiderant que votre Apologie a efté publiée incontinant apres votre départ de Lyon, & qu'vn Ecclefiaftique mien amy & homme de probité m'a dit, que paffant à Lyon il auoit appris de Neuré & Barancy mefme, qu'ils n'auoient publié telle Apologie & fa Preface, que de votre confentement: Ie voy par mefme moyen & bien clairement, que i'ay efté trompé bien plus finement par vous, que vous ne l'auez efté (comme vous dittes) par Barancy & Neuré vos bons amis: Et qu'en vous *ftudium vindictæ manebat alta mente repoftum*; puis que vous l'auez fait efclater quatre ans apres notre reconciliation, fans que depuis vous m'en puiffiez cotter aucun fubiect.

Nous voila donc fur le pré, où ie n'ay pas volonté de vous ofter la vie; mais en me defendant ie pretens au moins de vous defarmer, pour vous faire recognoiftre votre foibleffe contre moy, à voftre grand regret & confufion: Et fi vous eftes traitté vn peu plus rudement qu'en mon *Ala Telluris fracta*; prenez vous-en à vous mefme, qui m'y forcez: Et fans marchander plus long-temps, commençons vn peu à nous mefurer.

Vous dittes premierement, *Que i'ay fi fort affecté de reïterer mes proteftations de ne point refpondre à voftre Apologie; afin de publier & faire fçauoir à tout le Monde, que la feule confideration de la parole que ie vous en auois donné, m'auoit empefché de faire vne chofe qu' ayez fubiect d'appre-*

bender, & pour laquelle destourner, il semble qu'ayez voulu exiger ladite
parole, &c. Mais comme vn cheual ombrageux se forme tout à coup des
imaginations contraires à la verité; aussi vous interpretez sinistrement
mes discours, qui n'ont visé à autre but, qu'à vous asseurer que j'estois
homme de parole, & ne l'ay point reïterée mal à propos; mais vous
vous en cabrez mal à propos.

Ensuitte sur ce qu'vn Gentilhomme mien amy me remonstroit,
Que vous m'ayant ja autrefois mal traitté à plats couuers, vous me
traittiez encor à present de mesme par vostre Lettre d'excuses, sur l'e-
dition de votre Apologie; mais auec plus de précaution, parce que la
virulence de l'Apologie estoit plus grande. Vous dites, *que par ces pa-*
roles i'ay voulu insinuer, que le but de votre Lettre n'auoit esté qu'vne pré-
caution pour m'empescher de respondre à votre Apologie. Mais vous conti-
nuez tousiours en vos ombrages & sinistres interpretations: A quoy
vostre Saturne qui domine à vos mœurs & à vostre esprit, & qui est
tres-mal affecté en la maison de la Lune, vous incline si fort. Car ce
Gentilhomme n'a voulu insinuer autre chose, sinon que votre Lettre
pleine d'excuses & de ciuilitez en mon endroit, n'auoit esté qu'vne
précaution votre, pour empescher que ie n'eusse soupçon, qu'eussiez
consenty ou commandé passant à Lyon, qu'on mit votre Apologie en
lumiere, Et cela est bien clair.

En la page 7. de mon Epitre à Monsieur le Conseiller Gaultier j'a-
uois dit. Qu'en vn mot M. Gassend m'ayant par sa Lettre juré à foy
d'homme d'honneur que la chose auoit esté faite & publiée à son insçeu; Ie dois & veux le croire; & ensuitte ne faire aucune response à
son Apologie, comme par deux fois ie luy en ay donné ma parole, laquelle jusques à present ie n'ay encor faussé à homme du Monde: estant
mesmes marry quelle luy fera peu d'honneur. Lesquelles dernieres paroles vous auez interpreté, *que i'estois marry que ma parole gardée vous*
feroit peu d'honneur. Interpretation encore si fausse & hors de propos,
que vous mesme en quelque façon que vous tourniez mon texte en vos
longs discours & ombrageux soupçons sur ce subject, n'y pouuez trouuer aucun sens. Mais si vous eussiez entendu cela de vostre Apologie, &
non de ma parole donnée, vous y eussiez trouué le sens tout clair : Car
en effet vostre Apologie ne vous fera point d'honneur, comme on verra en la suitte de cette Response. Voila desja trois fausses interpretations de ce que i'ay escrit parlant de vous, qui estes fort subject à ce
vice, ou par ignorance, ou par malice.

Apres cela venant à ma parole donnée, dont vous dites que ie fay
vn si grand *Cancam*; vous vous escriez. *Ie vous declare icy que ie vous*
rends de tres-bon cœur toute cette pretenduë parole, & n'ay que faire que vous
me la redonniez de nouueau, comme vous affectez de le fair:. Ie vous donne
vne pleine & entiere liberté de desgainer cette espée dont vous pretendez de

ne faire peur : *Et vous promets de ne vous reprocher iamais qu'au prejudice de vostre parole vous l'ayez tirée contre moy, Ie vous conjure, me, me de me respondre, puis que vous dites qu'il vous est aysé de le faire auec auantage, &c.* Et ailleurs, *Ie vous remets à pis faire.* Et encore ailleurs, *Faites donc hardiment tous vos efforts en suitte de la dispense que ie vous donne de cette parole dont vous m'auez fait le Maistre.* Surquoy ie vous responds, que puis que me la rendez si arrogamment, ie ne la laisseray pas tomber à Terre ; mais m'en sçauray fort bien seruir contre vous, tant icy, qu'en mon *Astrologia Gallica,* parlant des choses Physiques, où vous estes moins sçauant, que vous ne pensez. Et vous feray bien veoir que i'ay dit vray ; que pour me defendre contre ceux qui m'attaquent, mon espée ne tient point au bout du fourreau.

En suitte, *Ie voy bien (dites vous) que vous me menassez par l'aduis de ce sinct amy, de traitter mon Apologie, comme vous auez traitté celle du P. Du-liris Recollet, lequel ne s'en est pas vanté du depuis, &c.* Mais comment le voyez vous bien ? vous n'auez que des fausses visions & fantosmes, qui vous irritent à verser sur moy des discours impertinens : Et me representent à vous auec *les furies qui m'inspirent toute leur malice, & me suggerent tous les maudissons* (ce sont vos mots) *dont la rage & le venin d'vn homme peut estre capable.* Bon homme remettez-vous : l'ay pitié de voir votre Esprit s'esgarer de la sorte, par vn aueuglement causé d'vne maligne humeur & passion : Et que l'influence de Saturne Seigneur de votre Horoscope & de Mercure, retrograde en la maison de la Lune au quadrat de Mars (tous Planetes qui president à votre esprit & à vos mœurs) vous donnent de si furieuses tranchées, comme vous l'esprouuez, sans l'obseruer & le cognoistre. Ne voyez vous pas mieux, que vous ayant tant de fois reïteré ma parole de ne point respondre à votre Apologie, vous n'auez eu aucune valable raison de vous imaginer que ie la voulusse traitter, comme celle du P. Duliris, bien que ce mien amy me le conseillast ; veu mesmes que i'auois rejetté son conseil ? Passons donc tous les discours de neant que vous faites sur ces vaines imaginations, & sur ma response à l'Apologie du P. Duliris ; laquelle response vous blasmez maintenant, apres l'auoir loüée à Paris, & voulu mesmes en emporter auec vous vn exemplaire pour vn Grand, m'asseurant qu'il prendroit plaisir à la lire. Mais votre Horoscope & Saturne son Seigneur estans tous deux en signes mobiles, vous inclinent par fois à telles inconstances. Ce que ie vous marque, afin que peu à peu, & par vous mesme, vous appreniez la verité de l'Astrologie malgré vous mesme.

Sur ce que le Gentilhomme mien Amy disoit que n'auiez eu le soin que deuiez pour l'obseruation de la parole que m'auiez donné, d'empescher qu'on imprimat & publiat à Lyon votre Apologie, en suitte de l'aduis que ie vous auois donné qu'on l'imprimoit : Vous respondez,

Que vous auez fait tout ce que vous auez pû, pour empescher que l'impreſſion ne s'acheuat: Mais que n'en auiez pû venir à bout. Et que vos amis vous ont trôpé en la parole qu'ils vous auoient donné ne l'acheuer & publier. Et que vous ne deniez, pas préſumer que Monſieur le Prieur de la Valette qui eſtoit ſaiſi de l'Original, le deut donner à Neuré, pour le faire imprimer à Lyon.

Mais en premier lieu Neuré vous donne vn dementy en ſa Preface; perſuadant à Barancy de ne pas tarder à imprimer l'Apologie, en ces termes. *Innat aliquid audere aduerſus fidem priuato datam, quod vtilitate publica expietur. Scriptum hoc irquis* (parlant à Barancy de l'original de l'Apologie) *à Max. Gaſſendo accepi; ſed ea lege, vt typis non mandaretur.* Voila ce pas vos contradictions, & le pet aux roſes deſcouuert? Que ce n'eſt pas feu Monſieur le Prieur de la Valette qui a donné votre original à Neuré; mais que c'eſt vous qui l'auez donné eu enuoye à Barancy. Secondement, que veut dire que vos amis vous ont gardé leur parole deux ans, vous eſtant à Paris bien loin d'eux; Et l'ont fauſſé vous eſtant à Lyon auec eux; l'Apologie ayant eſté miſe en lumiere incontinant apres votre entreueuë? voicy le ſecret. C'eſt que vous eſtant à Paris auec moy, vous apprehédiez la hôte que vous feroit votre Apologie, & les reſſentimens que i'aurois de ſa malignité apres notre reconciliation: Mais vous en allant de Paris peut-eſtre auec deſſein de n'y plus reuenir, à cauſe de votre maladie des poulmons; Et ayant votre paſſion de vengeance contre moy plus à cœur que notre amitié: lors que vous auez eſté à Lyon auec vos amis que vous appellez trompeurs (dont ie prens acte) vous m'auez laſché vn coup de pied du derriere, comme ne vous ſouciant plus de moy ny de mon amitié; par le conſentement que leur auez donné que l'Apologie fut publiée: Ce qui a eſté executé bien toſt apres votre départ de Lyon Et auez creu de bien plaſtrer & couurir vos artifices, par vne Lettre pleine d'excuſes & de ciuilitez que m'auez eſcrit ſur ce ſubjet; Rejettant la faute ſur vos amis; qui entant que tels, & attachez à vos opinions m'eſtans ennemis, n'apprehendoient point le blaſme d'auoir fauſſé leur parole, qu'ils vous auoient gardée iuſques alors: Et me jurant à foy d'homme d'honneur, que n'en auiez rien ſçeu qu'apres la publication: Bien que vous euſſiez auſſi peu de foy, que d'honneur; à ce que ie voy maintenant.

Quant à ce que vous dites, *qu'ayant proteſté en ma Lettre à Monſieur le Conſeiller Gaultier de ne reſpondre à votre Apologie; i'ay introduit vn perſonnage, qui par artifice non petit, dit en ſubſtance tout ce que ie pourrois reſpondre & oppoſer à icelle Apologie, par vn plus long eſcrit.* Vous eſtes vn plaiſant homme, de parler de la ſorte. Car ce mien Amy a-il dit autre choſe de votre Apologie, ſinon qu'elle ne contenoit rien d'où vous peuſſiez tirer auantage contre moy, que la croyance que i'auois euë du branlement de la Terre, lequel vous auez vous meſme tenu pro-

blematique : Et que pour le ſurplus de ce qu'elle contient, il m'eſtoit
bien ayſé d'y reſpondre auec auantage ? Eſt-ce là tout ce que ie peux
reſpondre à votre Apologie ? Ie vous feray bien veoir que non ; Tant
en cette Lettre, qu'en mon *Aſtrologia Gallica* dans les occurrences ; &
que telle Apologie ne vous fera point d'honneur, ny n'en receurez le
plaiſir qu'auez eſperé. Mais apres ces legeres attaques où vous auez ſi
mal reüſſy, ie vous voy entrer en furie, & faire mine de vouloir venir
aux priſes ſur moy, par trois principaux poinɕts de ma Lettre à Monſieur Gaultier, auſquels vous trouuez à redire. Voyons donc encore
qu'eſt-ce que vous ferez.

Le premier poinɕt eſt touchant l'origine & premier motif de noſtre
querelle, duquel, (ſelon votre bonne couſtume) vous parlez ſeulement à votre auantage, faiſant toûjours d'vne mouche vn Elephant,
ſans dire les choſes comme elles ſont. Car ce qui me picqua le plus à
mettre mon *Alæ Telluris fractæ* en lumiere ; n'eſt point par ce qu'en
vos Epitres *de motu impreſſo à Motore tranſlato*, vous eſcriuiez pour
fortifier l'opinion du mouuement de la Terre, contre lequel j'auois eſcrit par trois fois : Ny par ce que parlant de ceux qui ont eſcrit pour
le repos, & inuenté pluſieurs belles raiſons pour l'eſtablir (leſquelles
neantmoins vous meſpriſiez) vous m'auiez donné le premier rang;
comme vous voulez perſuader aux ignorans : Mais voicy la vraye origine ; & en ſuitte ce que m'offenſa le plus.

Quand vous me donnaſtes votre approbation de mon inuention des
Longitudes, vous me fites pluſieurs obiections pour la pratique, deſquelles ie ne faiſois nul eſtat : & vous eſcriuis vne Lettre en laquelle
j'en donnois les ſolutions ; vous priant m'en reſcrire vos ſentimens;
Ce que ne vouluſtes jamais faire. Et ſçachant bien que n'auiez pas dequoy renuerſer mes ſolutions, qui ſe voyent encor en mon *Aſtronomia
reſtituta* ; Ie conjecturay que votre amitié n'eſtoit point ſyncere ; mais
infectée de ialouſie, que ie vouluſſe paroiſtre parmy les grands Aſtronomes, & meſmes les reprendre. Neantmoins vous eſtant reuenu à
Paris, ie ne laiſſay durant deux ans (comme vous ſçauez) decultiuer
notre amitié par frequentes viſites, reſpects, complaiſances & toutes ſortes d'entretiens que ie me pouuois imaginer, pour meriter de
vous vne fidelle & franche amitié. Mais ayant vû que pendant mes
plus affectionnez deuoirs d'amitié, vous auiez fait imprimer à Paris
vos Epiſtres *de motu impreſſo à Motore tranſlato*, où vous combatiez la
ſtabilité de la Terre, ſans m'en auoir jamais rien fait ſçauoir : A moy
que croyois juſtement meriter la qualité de voſtre cher amy, dont vos
Lettres eſtoient toûjours parſemées ; & qui auois eſcrit ia par trois
fois pour icelle ſtabilité ; & qui ſelon vous meſme tenois le premier
rang entre ceux qui en auoient donné les belles raiſons, & qui par có-
ſequent y eſtois le plus intereſſé : l'euſſe eſté bien ſimple de ne pas juger

ger par là que vous ne vous souciez ny de moy ny de mon amitié; Laquelle par ce seul mespris fut d'abord grandement alterée. Si vous dites que vous n'estiez pas obligé de m'en aduertir; Ie dis que vous l'e-
stiez par le deuoir d'vne vraye amitié, puis que nous estions si souuent
ensemble, & que mon amitié valoit bien la votre. Mais ce fut bien
pis quand lisant vos Epitres, ie vis que vous attaquiez les raisons qui
m'estoient particulieres; & sur tout celle par laquelle j'ay renuersé la
demonstration geometrique que Galilée auoit voulu donner, pour
prouuer le mouuement de la Terre, par le flux & reflux de la Mer; Bien
qu'en me combatant, vous ne me nommassiez point : qui est vne de
vos finesses pour vous tirer d'vn mauuais pas en cas de necessité. Et
bien pis encor, quand ie vis que vous employez comme votres les raisons dont j'auois combatu le Liure de la fausse demonstration geometrique du mouuement de la Terre par Buillaud : Estant votre cou stu-
me de vous parer des plumes d'autruy qui vous agreent sans nommer
les Autheurs : Et puis quand on s'en plaint, protester que vous n'auez
jamais songé ny à l'Autheur ny à son Liure; qui est encor vne de vos
ruses pour vous faire admirer : Aussi-bien que de dire que ce sont vos
amys, qui ont fait imprimer vos œuures à vostre insceu & sans vos
ordres; quand il s'y trouue des choses, dont on se plaint encor de vous,
ou qui sont fausses ou scandaleuses. Vous vous en sçauez fort bien des-
charger sur eux, & leur en faire porter la Marotte, comme on dit que
fraischement vous auez fait en vostre Philosophie d'Epicure, touchant
la vie de ce Philosophe qu'auez mis en lumiere, le voulant faire passer
pour vn Sainct. Voila donc les motifs que j'ay eu, de quitter votre
feinte amitié, & d'escrire mon *Ala Telluris fracta*; & non pas ceux
que vous exposez pour tromper les ignorans, & vous justifier à mes
despens.

Venons maintenant aux motifs que vous auez eu d'escrire en fureur
votre belle Apologie. Vous y dites & en votre Lettre, *Que votre principal motif a esté, de ce que ie vous ay voulu imputer soupçon d'heresie* : Et
vos amys encherissent *que ie vous ay voulu faire passer pour Heretique.*
Mais ces mots d'Heresie & d'Heretique ne se trouuent point dans mon
Liure, ny que ie vous les aye voulu appliquer. I'ay seulement dit,
qu'estant Ecclesiastique, vous vous estiez esforcé de renuerser mes raisons contre le mouuement de la Terre; & fournir de nouueau plusieurs
armes pour la defence de cette opinion condamnée de l'Eglise. Qu'encor que vous fissiez protestation de reuerer le Decret des Cardinaux
rendu en faueur du repos de la Terre, lequel vous disiez croire; Ie me
mocquois neantmoins de vostre foy, seulement escrite pour precau-
tion; Par ce qu'en vos Epitres, le contraire de telle foy paroissoit euidemment à tout homme de bon jugement : Et vous conseillois en amy
de ne jamais aller à Rome auec telle protestation de foy; de peur d'y

estre pirement traitté que Galilée. I'ay dit tout cela , & ne m'en des-
dis point ; soustenant que ie vous ay donné conseil de bon amy ; pour
lequel vous auiez plus de sujet de me remercier, que d'escrire contre
moy vne Apologie pleine d'infamie.

Car n'est-il pas vray qu'en vostre seconde Epistre *de motu impressô à
Motore translato*; vous auez comme Galilée traité problematiquement
l'opinion du mouuement de la Terre, seulement à dessein de vous sauuer par les Marests, de cette question problematique ; de peur d'estre
censuré par l'Eglise, comme a esté Galilée? N'est-il pas vray que
comme luy, vous auez employé tous les efforts de vostre esprit, à af-
foiblir & mesmes rendre ridicules les raisons inuentées pour la stabi-
bilité de la Terre; & à fortifier & establir celles que vous & vos par-
tisans auez forgé pour le mouuement de la Terre? Car à trauers vostre
belle protestation de croire le repos de la Terre, à cause du Decret des
Cardinaux contre Galilée, couchée en votre Epitre: quiconque la lira,
il y verra votre creance du mouuement de la Terre, & votre passion
qu'il soit creu de tout le monde, aussi clairement comme on voit vne
chandelle allumée, à trauers vne lanterne de verre. Que vous sert-il
de faire l'hypocrite en cela, deuant ceux qui ne vous cognoissent ou
qui ne sont capables de juger de la fin de vostre dessein ? Tous vos amis
ne vous honorent-ils pas comme leur Patriarche en cette opinion, laquelle si vous quittiez tout de bon & sans hypocrisie, ils vous renie-
roient ?

Et afin qu'on ne pense pas que ie vous impose, que veulent dire autre chose ces paroles de la page 109. de votre 2. Epitre; *Quid potuit
fieri absurdius, quàm fingi supra planetas, supraque omneis stellas fixas ac
sparas etiam crystallinas, vastissimam spharam primi Mobilis, qua ad-
uersus inferiores nitenteis in Ortum suis ac lentis motibus; contranitatur
ipsa, & versus Occasum incredibili celeritate omnes abripiat? &c.* Et en
la page 101. *Quare neque est cur Copernicanis vt absurdum obijciant, fore
vt nos in quadam parte superficiei Terra existentes tanta moueamur celeritate, vt vix globus bombardicus celeritatem tantam assequatur: Si qui-
dem retorquebitur quàm videatur esse incomparabiliter absurdius, eiusdem
circumductionis celeritatem transferre in partem superficiei sphara Lunæ,
Solis, firmamenti, primi Mobilis &c.* Voila vos paroles ; & paroles par
lesquelles vous faites vos conclusions: Or le mouuement de la Terre se
peut-il affermer plus clairement ? Mais que m'obiectant encor, Barancy & Neuré vos bons amys & disciples, tant à affermer le mouuement de la Terre, qu'à nier & baffoüer l'Astrologie iudiciaire, pour
s'excuser de l'impression de l'Apologie? Ils me disent en la Lettre de
la Roche supposée. *Vous auiez publié vn libelle infame contre leur amy;
(il est faux, que le libelle soit infame) auec des insultes les plus insupporta-
bles du monde, contre vne opinion receüe d'vn des meilleurs & plus doctes*

Esprits du temps : vous offencez-vous qu'en vous responde? Or il est clair
que le libelle qu'ils entendent, c'est mon *Ala Telluris fracta :* que leur
amy c'est Monsieur Gassend : Et que l'opinion receuë des meilleurs &
plus doctes Esprits du temps (du nombre desquels ils n'excluent pas
le *Maximum Gassendum,*) n'est autre que l'opinion du mouuement de
la Terre. Or si vous fussiez esté à Rome auec votre Epitre, on n'y eut
pas moins recogneu votre artifice & votre dessein que celuy de Galilée: Et eussiez esté mis en l'inquisitiõ, plus punissable que Galilée pour
deux raisons. La premiere, que le Decret des Cardinaux estoit de fraîs-
che datte : Et que vous sembliez plûtost vous en mocquer, en le rom-
pant le premier, que de le venerer. La seconde, par ce que vous estiez
Prestre, dignité qui aggrauoit votre faute, comme elle aggraue l'infamie de Buillaud en ce qu'il a escrit contre moy, & que ie luy reproche comme estant Prestre, reuerant en cela la qualité de Prestre;con-
tre ce que m'imposent Barancy & Neuré. Cependant vous n'eussiez
pas eu pour Maistre vn Duc de Florence puissant vers le Pape & les
Cardinaux, qui eut solicité à vous faire sortir de l'inquisition ; d'où
toutefois Galilée ne sortit pas sans abjurer son opinion. N'estoit-ce
donc pas vn bon conseil que ie vous donnois, de ne pas aller à Rome?
Et cependant pour ce bon conseil vous m'auez payé d'vne infame Apologie, puis qu'il est le principal motif pour lequel vous l'auez faite.
Et est bien ayse à iuger, que le grand vacarme que vous en auez fait
pour me rédre odieux à ceux de votre cabale,n'estoit que par ce qu'en
mon Liure ie descouurois votre mesche ; Et votre dessein estoit de tirer à couuert contre la stabilité de la Terre, à trauers votre feinte protestation de foy. Par ou se cognoit que vous estes hypocrite, non seulement en fait d'amitié, mais encor en fait de Religion.

Le second point, sur lequel vous trouuez à redire en mon Epitre à
Monsieur le Conseiller Gautier, est que ie dis que votre Apologie est
farcie d'injures brocards, fausses suppositions, alterations de mes
textes ou de leur sens, & (ce que ie n'auois pas voulu dire) de menteries : Que sa virulence est fort grande : Que vous m'y auez mal-traitté
à plats couuerts : Que Barancy & Neuré la publians, vous auoient exposé au blasme que receurez par ceux de Paris, qui nous ont vû en si
bonne intelligence depuis nostre reconciliation: Et ont publié qu'elle
est votre syncerité & douceur de naturel, dont vous mesme vous vantez : voire vous ont exposé à de nouuelles picoteries, si l'humeur me
prenoit de vous respondre. A toutes lesquelles choses, vous ne dittes
que bagatelles indignes d'occuper mon temps. Et moy ie vous responds en peu de mots, que pour verifier toutes vos injures, brocards,
fausses suppositions,alterations & mensonges, il me faudroit mettre
en cette Lettre toute votre Apologie, & tous mes ouurages contre le
mouuement de la terre, sur les longitudes & sur l'Astronomie; & vous

conuaincre là-dessus, ce que ie ne suis pas d'auis de faire pour le present ; puis que mes amis mesmes regrettent si fort le temps que j'employe à vous faire encor cette response, & que les curieux s'en peu-
uét esclaircir en voyāt mes ouurages. Mais laissant à part les injures &
brocards dont y a peu de periodes en votre Apologie qui soient exem-
ptes; Ie cotteray seulement en passant quelque chose de vos autres vices;puis que vous mesme m'en pressez comme s'il m'estoit impossible.

En la page 116. *Solutionis famosi problematis*, Ayant dit que les choses graues tendoient au centre de la Terre ; Non comme centre de la
Terre, de l'Eau, ou de l'Air : mais comme centre du Ciel, auquel *supe-*
riora corpora (la Terre, l'Eau, & l'Air, dont ie parlois) *sunt concentrica*,
Vous auez en vostre Apologie pag. 130. escrit. *Dicis corpora superiora*
esse concentrica centro Cœli : Et le reste du long discours que vous auez
fait là-dessus contre moy, par ignorance ou malice en l'explication de
mon texte. Car que veut dire *concentrica centro Cœli;*paroles qui ne sont
point dans mon texte ? Le centre du Ciel , a-il vn centre ? Mais vous
dites des sottises, puis me les attribuez pour les combattre par grands
discours, seulement capables d'estre creus de vos disciples , par ce que
le Maistre l'a dit : qui sont neantmoins fausses suppositions & falsifications de mon texte.

En la page 122. *solut. fam. Probl.* Pour preuue tres-euidente que
la Terre n'auoit aucune vertu tractrice des corps pesans , j'auois
dit le premier, *ferro in Terra iacenti admoneatur magnes è sublimi ad*
iustam distantiam : Certum est quod magnes ferrum ex Terra eleuabit
atque retinebit suspensum in Aere videns non Terra tractricem, quæ nulla,
est ; sed huius assertores Philosophos. Et par ce que cette experience vous
donnoit la gehenne, vous auez respondu en votre 2. Epitre page 117.
(bien que vous disiez souuent en votre Apologie, qu'escriuant telle
Epitre, vous n'auez pas seulement songé ny à moy ny à mon Liure)
Dum vides maiorem grauitatem siue attractionem imprimi ferro à magne-
te, quam ab ipsa Terra (à qua etiam magnes dum suspenditur ferrum abdu-
cit) non id videtur esse aliunde quàm ex eo quod virtus attractrix est in ma-
gnete collectior , atque adeo intensior pro modulo corporis ; quàm in ipso Ter-
ræ corpore , in quo extensior est. Paroles (en passant) bien absurdes , que
ferro in Terra iacenti maior imprimatur grauitas vel attractio. Or sur cette responce j'ay dit en mon *Ala Telluris fracta pag. 39.* Que de là s'en-
suiuroit, *quod quò minor erit magnes , eò fortiùs ferrum à Terra eleuabit,*
ideoque eò maius ferri frustum : quò autem fuerit maior magnes id minùs
efficiet, &c. Que dites vous là-dessus en votre Apologie pag. 148. pour
vous depestrer deuant les ignorans de ce raisonnement & experience,
à quoy vous ne pouuez satisfaire deuant les Doctes ? vous donnez le
change , & dites faussement que j'ay creu , *que tous les Aymans de mes-*
me grandeur estoient de mesme vertu. Et là-dessus faisant des gambades en

l'air, vous me faites si ignorant des choses les plus communes, comme sont les vertus de l'aymant, qu'à votre compte on diroit que ie suis tout nouuellement tombé des nuées sans aucune cognoissance du monde. Cependant ie les ay sceu deuant vous: Car il y a 40. ans qu'estant escolier en Philosophie à Aix (vous n'estudiant qu'en humanité) le fis vn abregé de la Philosophie magnetique de *Gilbertus Anglus*, qui me fut prestée par Monsieur le Prieur de la Valette, lequel i'ay encor; qui prouue bien ma curiosité des ce temps là. Et depuis j'ay leu & vû toutes les autres experiences qu'on a fait de l'aymant, & sur tout près de 20. ans que j'ay conuersé auec le feu R. P. Mersenne, qui estoit le plus curieux de ces choses. Mais vous ne me sçauriez estimer si ignorant, que ie vous estime encor plus malin & tourbe de vous vouloir sauuer à la faueur de l'ignorance grossiere que vous m'imposez: Ce que toutefois vous ne sçauriez faire, apres auoir esté dit par vous, que la raison pour laquelle vn aymant (quand il ne seroit pas plus gros qu'vne sebue) esleue le fer de terre & l'arrache à la Terre; *Non videtur esse aliunde quàm ex eo quod virtus attractrix, &c.*

En la page 41 de mon *Ala Telluris fracta*, pour prouuer la fausseté du mouuement de la Terre i'argumente ainsi. *Quacunque opinio falsis innititur fundamentis falsa est. At Copernicanorum opinio de Telluris motu falsis innititur fundamentis; Ergo falsa est.* Quelle response faites vous à ce syllogisme? vous dites en la page 162. de votre Apologie, que la maieur est incertaine & bien souuent fausse: Et le voulez prouuer par cet autre syllogisme. *Omnis lapis lucidus est: Atqui Sol est lapis; Igitur Sol lucidus est*; Ou l'opinion de la lumiere du Soleil se trouue vraye, bien que les principes soient faux. Mais est-ce pour vous mocquer du monde, ou pour en estre mocqué que vous faites ce raisonnement sophistic, vous qui me voulez apprendre à raisonner? Ie vous parle de principes Physiques; Et vous me respondez de principes Logiques; qui ne sont que maieur & mineur, prises à plaisir pour tirer *in modo & figura* vne conclusion vraye ou fausse. N'est-ce pas alterer le sens de ma maieur? Or pour vous la prouuer Physiquement, puis que ie l'ay donné pour certaine, & que la tenez incertaine & quelque fois fausse: N'est-il pas vray que si le Soleil est vrayement lumineux; cette verité Physique est fondée sur des vrays principes Physiques d'icelle lumiere, & non sur des faux? Et le mesme estant de toute autre verité Physique; Donc toute verité Physique est fondée sur vrays principes Physiques. Or si toute opinion Physique fondée sur faux principes Physiques, n'est fausse; donc quelqu'vne sera veritable: Et ainsi quelque verité Physique sera fondée sur faux principes Physiques; qui est pure contradiction; nonobstant votre galimathias qui suit.

Puis dôc que voila ma maieur si bien prouuée, qui estoit mon principal dessein, pour prouuer que vous alterez le sens de mes raisons, & dô-

nez le change fort ſouuent pour euader: Il n'y a pas d'apparence que ie
doiue abandóner ma mineur à la mercy de vos ſubtilitez,qui ne valent
que pour tromper les plus groſſiers Eſprits. Et ſi ie la prouue, adieu
voſtre Apologie par Terre, qui ne tend qu'à prouuer le mouuement
de la Terre. Or ie la prouue en peu de mots, bien plus nettement que
vous, auec vn ſyllogiſme & deux Enthymemes que vous faites pour
m'apprendre à argumenter ſcolaſtiquement; ce que ie ſçay mieux faire que vous, quand ie veux tenir ce long chemin, & non pas abbreger
en Mathematicien. Et dis que l'opinion des Copernicains eſt appuyée
ſur ces deux fondemens, *Quod grauia è ſublimi cadentia, ferantur ad
Terram; vel vt vniantur ſuo toti, vel quòd trahantur à Terra virtute ma-
gnetica* : leſquels deux fondemens j'ay prouué eſtre faux aux chapitres
11. 12. 13. de mon *Ala Telluris fracta*. A laquelle mineur vous reſpon-
dez page 164. Apol. *Que cela ne ſont point les deux principaux fondemens,
Et ne ſont pas meſmes pris pour fondemens ou raiſons pour prouuer le mouuement de la Terre. Mais ſont ſeulement pris pour hypotheſes, afin de reſpondre
aux obiections propoſées contre ce mouuement. Et qu'ainſi ne ſoit* (dites
vous)*ces deux fondemens peuuent auſſi bien eſtre popres à l'opinion du repos,
qu'à l'opinion du mouuemens de la Terre.*

Mais tout cela n'eſt que bourdes.Car vous deuiez donc au moins dire
quels ſont les vrays & principaux fondemens ou raiſons du mouuement de la Terre; puis que pour ſouſtenir le ſyſteme de Copernic, il
faut neceſſairement prouuer le mouuement de la Terre. Or des 17.rai-
ſons qui auoient eſté inuentées, & que i'ay refuté au chap. 9. *famoſi
Problem.*Il n'y en a pas vne que vous puiſſiez eſtablir pour vray fonde-
ment: Donnez-en donc quelqu'autre, & l'eſtabliſſez ſi vous pouuez.
Secondement on ne peut reſpondre validement aux obiections faites
contre vne verité, que par des raiſons propres à cette verité; c'eſt à
dire tirées de la nature & proprieté de la choſe. Si donc vous prenez
les deux fondemens cy-deſſus pour diſſiper les obiections faites contre
le mouuement de la Terre; Il faut donc qu'ils ſoient propres au mouuement de la Terre, & non au repos comme vous dites. Et en effet ils
ne ſont nullement neceſſaires à prouuer le repos de la Terre, ny la
cheutte des corps peſans au centre du monde, comme i'ay prouué *in ſo-
lut. famoſi Problem.* mais ſont abſolument neceſſaires à prouuer le
mouuement de la Terre. Vous dites bien penſant vous ſauuer pag. 165.
*Que poſſunt Copernicani opinionem ſuam defendere abſque his hypoteſibus
(ſiue fundamentis) & ponendo ſolummodo grauitatem in terrenis corporibus
quà verſus Terra centrum ferantur.* Mais quand on vous preſſera, pourquoy la pierre qui deſcend, ne prend pas le plus court chemin pour
aller au centre de la Terre, qui eſt la ligne droitte, ains y va par vne
ligne courbe pour s'ajuſter au mouuement diurne de la Terre, afin de
tomber ſur le poinct de la ſuperficie terreſtre; ſur lequel elle ſe trou-

ue perpendiculaire au commencement de sa cheutte ; Il faudra par necessité remettre en jeu l'vn des deux fondemens cy-dessus. Qui fait bié
voir clairement que vos bourdes ne sçauroient renuerser ma Mineur,
ny par consequent ma conclusion, que *l'opinion du mouuement de la
Terre est fausse*. Et ce que dessus soit seulement exposé pour eschantil-
lon des fausses suppositions & alteratiós de mes textes oude leur sens,
qui sont si frequentes en votre Apologie: Ou cependant paroit la fausseté de l'opinion du mouuement de la Terre.

Mais cela n'estant suffisant à votre dessein de me ruiner de reputation, vous faites bien pis, y adjoustant encor quantité de menteries.
Car en la page 2. il y en a trois bien claires, parlant de mon inuention
des Longitudes. Disant que *vous ne pouuez approuuer telle inuention*. Et
neantmoins vous l'auez approuué, mesmes auec admiration & grande
joye, comme se voit en la page 176. *Astronom. restituta.* Disant *que mon
inuention n'estoit nouuelle*: Ce qui est faux, aucun ne l'ayant donné deuant moy : Et mesme est contraire à votre approbation, & à celle de
Monsieur Gautier Prieur de la Valette, sans parler des autres grands
Astronomes. Disant *qu'elle ne pouuoit estre vtile*: Ce qui est encore faux,
puis que le P. Duliris Recollet la pratiquant mesmes grossierement &
auec erreurs en vn voyage par luy fait en Canada, a apporté plusieurs attestations de Pilotes & Capitaines de mer (lesquelles vous
auez vû parlant auec luy) d'auoir obserué les Longitudes, jusques à se
faire admirer par eux. Et en la 3. page, il y a vne bien grosse & maligne menterie: Disant que vous vous estes souuent exposé à estre sifflé,
Virum excusans (parlant de moy) *qui Antichristum & iam natum &
iamiam stragem editurum profiteretur.* Mensonge dit à dessein de me rendre ridicule: mais cependant mensonge. I'ay bien dit que le Cardinal
de Cusa grand Personnage qui viuoit y a 200. ans, en son traitté intitulé *Coniectura de vltimis temporibus*, auoit conjecturé la fin du monde, ou le regne de l'Antechrist vers l'année 1675. par passages de l'Escriture. Que Alabaster Anglois, tres sçauant aux langues Orientales,
en l'Escriture sainte,& en la Cabale des Rabins, dans son liure intitulé
Spiracula Tubarum, par plusieurs conjectures, mettoit la fin du monde au mesme temps que Cusa. Qu'il y auoit des liures imprimez des
exorcismes faits aux Magiciens & Magiciennes de Frâce & Flandres,
qui disoient que l'Antechrist estoit né. Mais que *professus sim Antichristum esse natum, & iam iam stragem editurum*, c'est vn mensonge duquel
ne vous pouuez justifier ny excuser, & pour lequel vous meritez d'e-
stre sifflé. Car i'ay seulement rapporté les authoritez cy-dessus pour
ce qu'elles valent sans rien assurer. Or si voila 4. mensonges dans les
pages 2. & 3. de votre Apologie, combien s'en trouuera-il en 168. pages qu'elle contient, vous estant si enclin à mentir ? Iugez vous mesme
si ce Gentilhomme dont ie parle en ma Lettre à Monsieur le Conseil-

ſier Gautier, n'auoit pas bonne raiſon de me dire que ie deuois traitter votre Apologie comme j'ay traitté celle du P. Duliris, puis que la votre eſt farcie d'injures, brocards, falſifications de mes textes, menteries & fourberies comme la ſienne, ainſi qu'il appert par les eſchantillons cy-deſſus. Mais paſſons outre pour reuenir à la ſuitte de votre Lettre.

Ayant dit en ma Lettre à Monſieur le Conſeiller Gautier, que ſur l'injuſtice à moy faite par mes Commiſſaires, touchant mon inuention des Longitudes, j'auois eſcrit aux plus renommez Aſtronomes de l'Europe, pour auoir leur jugement: Et particulierement à Monſieur le Prieur de la Valette, & à Monſieur Gaſſend: mais qu'il n'eſtoit vray que ie leur en euſſe eſcrit pour la ſeconde fois, pour auoir d'eux plus amples approbations, ny fait l'importun & le mendiant apres eux pour les extorquer, comme vous en votre Apologie, & Neuré en ſa Preface m'impoſez: vous me voulez prouuer le contraire par trois Lettres miennes que vous rapportez. Et par votre malice ordinaire, vous peruertiſſez leur ordre en les citant, afin d'y pouuoir trouuer votre compte: Mais voicy leur ſuitte ſelon leur datte que vous meſme cottez. La premiere eſt du 6. Aouſt 1634. par laquelle ie vous enuoyois mon Liure des Longitudes, imprimé le 25. Iuillet 1634. Et vous expoſant l'iniquité & perfidie de mes Commiſſaires en leur ſeconde Sentence par moy refutée, ie vous diſois ces paroles que vous rapportez. *En ſomme ie vous ſupplie par noſtre ancienne amitié, par la charité Chreſtienne qui nous oblige tous à prendre le party des indignement oppreſſez, & par la meſme Verité, de m'enuoyer votre jugement, ſur les 4. poinEts de la derniere Sentence de mes Commiſſaires. Ie fay la meſme priere à Monſieur le Prieur de la Valette. Ie la feray aux plus excellens Aſtronomes que ie ſçauray aux pays eſtrangers, afin que ſur leur jugement & le votre, ie puiſſe ſoliciter ma recompenſe, laquelle ſans tel jugement des hommes ſçauans & gens de bien j'auray peyne d'auoir, pour l'empeſchement que m'y a apporté l'iniquité de mes Iuges.* Or cette-cy eſtant la premiere Lettre que ie vous eſcriuis, on ne peut pas dire que par elle j'aye fait l'importun & le mendiant, pour extorquer de vous plus amples approbations: Car ce fut ſur cette lettre que m'eſcriuiſtes votre approbation. Et cependant par malice, vous la mettez la troiſieme en ordre dans votre Lettre; pour par elle me repreſenter à ceux qui n'y prendront garde, importun & mendiant plus amples approbations pour ſoliciter ma recompenſe. La ſeconde eſt du 7. OEtobre 1634. Ou apres auoir receu votre approbation, & vû les difficultez que vous m'objeEtiez pour la pratique des Longitudes, ie vous en enuoyois les ſolutions: vous priant de me reſpondre ſur icelles, pour voir ce qu'auriez à dire au contraire; Ce q̃ ie ne voulutes jamais faire: Mais il ne ſe trouuera point que par cette Lettre, ie vous aye demandé plus amples approbations. La 3. eſt

du

du 18. Feburier 1636. Dont vous ne rapportez que ces mots. *Ie m'at-*
tends de recenoir quelqu'vne de vos Lettres pour responce aux miennes
dernieres ; afin d'auoir de votre part plus d'aduis & de bon conseil sur
mon affaire des Longitudes : Mais n'ayant eu le bon-heur, &c. Or
vous demander aduis & conseil, n'est pas mendier importunement
plus amples approbations. Et la 4. est du 12. Iuillet 1636. Par laquelle voyant que ne respondiez à aucune de mes Lettres, ie ne feins
point de vous dire, que n'en sçachant autre cause, ie soupçonnois
le refroidissement de votre amitié, dont ie me plaignois à vous :
Mais ie ne vous ay point encor demandé par cette Lettre plus amples approbations. I'ay donc dit vray, quand j'ay dit qu'il n'estoit
pas vray, que ie vous aye escrit pour la seconde fois, pour auoir de
vous plus amples approbations, &c. Et que votre amitié enuers
moy n'auoit esté qu'vne amitié dissimulée. I'y ay esté trompé par
4. fois, dont la derniere est votre Lettre d'excuses & ciuilitez, qui
ne tendoit à ce que ie voy maintenant qu'à me prendre pour dup-
pe : C'est pourquoy ie ne m'y fieray jamais plus.

Apres cela, vous venez au Dilemme que j'ay fait. *Que seu M.*
le Prieur de la Valette & vous, auiez approuué mon inuention des Lon-
gitudes, ou selon votre sentiment & la verité ; ou contre votre sentiment.
Et par ce que ce Dilemme vous serre le pouce, ie vous voy si embarassé à vous en depestrer ; que vous m'accordez toutes les deux
parties d'iceluy ; & confessez l'imprudence que ie vous objecte.
Car quand vous me respondez. *Il est vray que Monsieur le Prieur &*
moy ayans receu vos Lettres, nous nous imaginasmes que nous auions
affaire à vn homme affamé d'honneur & de gloire, & encore d'argent
(fausses imaginations) & qui ne manqueroit pas de faire vanité, &
de se preualoir de notre approbation pour obtenir sa recompence ; si nous
la luy donnions telle qu'il la desiroit. Mais comme d'vn costé nous ne vou-
lusmes point pour ce que vous estiez notre Amy, vous donner le deplai-
sir de n'auoir point de response, ou de l'auoir sans quelque tesmoignage
d'agreement pour votre trauail : Ainsi de l'autre nous resolumes, de con-
ceuoir en telle sorte notre approbation ou temoignage d'agreement, que
vous n'eussiez point subiet de faire imprimer nos Lettres, & par ce moyen
mettre notre honneur en compromis, & nous exposer à la risée des hom-
mes. Qu'est-ce tout ce discours autre chose que confesser l'imprudence que ie vous obiecte ? Et que vous auez approuué mon inuention contre votre sentiment & la verité : Et neantmoins vous
l'auez approuué selon votre sentiment & la verité ; comme en fin
de compte vous estes côtraint d'adoüer respondant à mon Dilemme : & mesmes l'auez approuué auec ioye & admiration : Et pour
cela ny vous ny tous ceux qui l'ont approuué (lesquels ne vous
cedent en rien pour l'Astronomie) laquelle deuoit juger l'affaire)

n'auez pas esté exposez à la risée des hommes sçauans : Ains au contraire y eussiez esté exposez, si vous l'eussiez nié.

Et toutes vos finesses ne vous peuuent seruir, disant en premier lieu, *Que vous ne m'auez pas donné votre approbation telle que ie la desirois, ny au sens & auec l'aduantage que ie l'ay pris :* Car ie ne l'ay demandé ny desiré autre, tant de vous que des autres Astronomes, que selon la verité & iustice Mathematique, comme ie dis en plusieurs lieux de mon *Astron. Restit,* Et disant en second lieu, *qu'ayant confessé en votre approbation, que vous ne sçauiez pas qu'aucun fut encor allé si auant que moy dans la science des Longitudes : vous n'auez pas pourtant dit, que ie sois allé iusques au bout :* Tout ainsi qu'vn homme party de *Paris* pour aller à *Rome,* estant arriué à *Iuuisy,* est arriué plus auant qu'vn autre qui n'est arriué qu'à *Ville-Iuifue; & neantmoins on ne peut pas dire qu'il soit arriué à Rome.* Surquoy ie vous responds, que ie vous donne toute votre vie (à vous qui voulez passer pour grand Astronome & grand Philosophe Epicurien) à faire vn pas par delà Iuuisy : C'est à dire par delà ou ie suis arriué en la science des Longitudes, à laquelle depuis 15. ans vous n'auez rien pû adjouster. Et disant en troisieme lieu, *Qu'encor que vous ayez dit que s'il se faloit rapporter à la Lune pour les Longitudes ; vous ne voyez pas que l'on pût adiouster grande chose à ça que j'en auois declaré : Mais que pour cela vous n'auiez pas aduoüé, que la Lune fut la seule cause à laquelle on pût auoir recours. Et que ie n'ay pas cognu & penetré à fond toute la Nature, pour affermer qu'il n'y a quelle & les estoilles qui puissent donner la vraye Longitude.* Argument de la Secte Pyrrhonienne, en laquelle vous faites le Prince : Et laquelle n'assure de rien, sinon qu'elle ne sçait rien ; Non pas mesme, s'il y a vn DIEV Createur de ce monde, estant par consequent fort propre à faire des Athées, & tout à fait inepte à en conuertir aucun. Et selon les maximes de laquelle ie nieray & mettray en doute, qu'vn brin de paille qui brule au feu, soit brulé par le feu ; iusques à ce qu'on m'aye demonstré, qu'entre toutes les causes indiuiduelles qui se trouuent dans la Nature, Il n'y en a aucune qui ait produit tel effet, & que la position de la paille dans le feu n'est qu'vne disposition necessaire à l'effet. Car alors seulement, on pourra conclure, *Ergo* le feu la brulé. Et disant en 4. lieu, *qu'encor qu'il ny eut que la Lune qui pût estre employée pour les Longitudes. Vous n'auez pas aduoüé qu'elle fut suffisante pour l'effet desiré ; quand mesmes j'y aurois mis la derniere main.* Parce que la vraye science des Longitudes est telle (dites vous) que comme on en peut auoir affaire à tous momens, & principalement sur la mer, Ainsi elle doit estre en main & toute preste pour le secours de ceux qui en ont besoin : Et par consequent que ie deuois la donner toute preste à pratiquer à tout moment. Paroles qui prouuent mieux votre ignorance en cela, que ce que vous voulez dire. Car à tout moment on a besoin de sçauoir sur Mer la vraye latitude du lieu ou on est. Et neantmoins on ne la peut sçauoir au vray ny plus justement, qu'en obseruant la hauteur du Soleil ou des Estoilles : Et l'aiguille aymantée ne peut faire cela. Que si vous sçauez quelqu'autre corps en la Nature sublunaire, qui le puisse faire; Enseignez le; sinon confessez votre ignorance en cela : Et que la hauteur du Soleil & des Estoilles sur l'Horison, est le plus vray moyen qui soit cogneu. Or j'en dis tout de mesme de la Longitude par l'obseruation de la Lune, & des Estoilles : A sçauoir qu'à tout temps qu'on les obseruera bien (les Ephemerides estant justes.) On sçaura au vray la Longitude & Latitude du lieu ou on se trouue : qui est le vray moyen de conduire le vaisseau ou on veut aller. Et en ce que vous dites, *que feu Monseigneur le Cardinal de Richelieu, & les Estats d'Holande demandoient vn secret lequel apres auoir acheté, ils pourroient enuoyer librement leurs Mariniers en Leuant, Ponant & par toutes les Mers; sans craindre de se tromper en la designation des lieux ou ils se trouueroient.* Ie responds que j'ay donné ce secret; supposant la iustesse des Tables; comme est porté par la Proposition que ie fis de mon secret, qui fut acceptée; & ne pouuoit estre refusée que par des ignorans, comme j'ay dit & prouué plusieurs fois en mon *Astronomia restituta.* Et que tout ce que vous dites au contraire, ne sont que fadaises à prouuer votre enuie & votre ignorance en cela. Car l'aymant & les machines horaires ont esté jugez incapables de cet effet. Que s'il se trouuoit vne pierre encore plus admirable que l'aymant, qui eut deux poles, lesquels d'eux mesmes s'ajustassent exactement aux deux poles du Monde, en quelque Horison qu'elle fut : Et qu'estant portée dans vn vaisseau du Leuant au Ponant, ou au contraire; Elle se meut regulierement sur son axe, à proportion que le vaisseau iroit en Leuant ou Ponant sur la surface du Globe terrestre : Sans doute ce seroit ce que vous demandez; Surquoy on pourroit voir à tout moment la Longitude & latitude du lieu ou seroit le vaisseau; & se conduire justement ou l'on voudroit, sans astres ny Tables astronomiques. Et si j'auois vne telle pierre de suffisante grosseur, ie ne la donerois pas pour deux millions d'or: Mais puis qu'elle n'est qu'en l'idée que j'en forme : Et qu'auec vos atomes d'Epicure vous n'en sçauriez forger vne semblable ny si miraculeuse; qui partant de mesme lieu se put mouuoir sur son axe pour vn vaisseau *versus Ortum*, & pour l'autre *versus Occasum*; Seruons nous du Ciel & des Astres que DIEV nous a donné pour cet effet: Car DIEV n'a point manqué aux choses necessaires, bien quelles ne soient tosijours prestes à poinct nommé par tout le monde; veu que mesmes on n'a pas tosijours la pluye & le beau temps quand on en a besoin.

Mais enfin vous dites pour votre plus grande raison, *Que le temps auquel on se pourra seruir de la Lune, sera reduit à fort peu de chose; si on en souſtrait le temps qu'elle eſt ſous l'Horiſon, celuy qu'elle eſt ſous les rayons du Soleil, & celuy qu'elle eſt couuerte de nuées & brouillards: Et cependant on en peut auoir affaire à tous momens.* Mais les ſignificateurs de votre Eſprit ſont ſi malignement poſez, que principalement en controuerſe vous ne ſçauriez raiſonner ingenuëment. Eſt-il neceſſaire en vn meſme vaiſſeau qui eſt ſur Mer, de prendre la Longitude à tous momens voire à toutes les heures du jour? On ſe contenteroit tres-bien de la pouuoir prendre vne ſeule fois par iour, ou en deux iours. Or on le peut durant tout le mois Lunaire, le Ciel eſtant ſerain, excepté quand la Lune eſt ſous les rayons. Et ce que ie dis d'vn vaiſſeau, ie le dis de tous les autres qui ſont ſur la Mer. Mais lors que le Ciel eſt couuert de nuées ou brouillards, il faut faire pour la Longitude, comme on fait pour la latitude, laquelle auſſi durant ce temps demeure incogneuë. Sçauoir eſt prendre patience, faire du mieux qu'on peut par la bouſſole & l'eſtime, depuis la derniere obſeruation par le Ciel: Et ſe recommander à Diev, luy demandant le beau temps pour obſeruer en ſa grande & tres-iuſte Machine celeſte, la vraye Latitude & Longitude tout enſemble: Ainſi que le Ciel eſtant couuert à la naiſſance d'vn enfant, on eſt contraint prendre l'heure par les Horologes ou l'eſtime, ſauf à la corriger par les accidens futurs. Ie n'euſſe jamais penſé qu'euſſiez encor voulu regratter depuis 15. ans ſur ma doctrine des Longitudes pour me fatiguer apres tous ceux qui l'ont des-ia attaqué, veu que par icelle j'auois ia reſpondu aux obiections que me faites à preſent, ſans impugner mes reſponces. Mais ie me reſiouys de voir que vous n'auez rien dit qui vaille, non plus que les autres, & que l'affront vous en demeurera: Et mon inuention des Longitudes en paroiſtra plus belle & plus digne de recompenſe.

Venons maintenāt à votre 3. point. Vous le cōmencez par le tremblement de la Terre, creu par M. de Pertins Gentilhomme Dauphinois, ſur l'obſeruation qu'il fit auec vn perpendicule de 30. pieds de hauteur, paſſant & repaſſant reglement 2. fois en 24. heures ſur la pointe d'vne aiguille perpendiculaire à l'Horiſon. De laquelle obſeruation il vous eſcriuit: Et vous l'ayant communiqué aux Curieux de Paris, pluſieurs ſe mirent à l'obſeruer, qui virent tres euidemment cette titubation du perpendicule pendu à filet de ſoye ou de chanure: Et furent en opinion de ſemblable titubation de la Terre; Et moy entre autres, qui en publiay mon ſentiment dans mon *Ala Telluris fracta* que ie mis en lumiere peu de temps apres. Mais enfin aduerty par le R. P. Merſenne, que le perpendicule pendu à vn filet d'argent demeuroit immobile ſur la pointe de l'ai-

guille, & l'ayant experimenté moy-mefme : Ie recognus que ie
m'eftois trop precipité à en publier mon fentiment : Et que moy &
tous ceux qui auoient fait l'experience auec filet de chanure ou
foye (du nombre defquels auoit auffi efté le P. Merfenne) y euions
efté trompez. Ie voulus donc chercher la caufe de la tromperie : Et
ayant encor fufpendu le perpendicule à vn filet de chanure, ie re-
uis encor le mefme mouuement : Mais confiderant le tout plus at-
tentiuement, ie pris garde que le fil fe detordoit, & retordoit ; &
ce faifant caufoit le mouuement du perpendicule : Ce qu'admi-
rant ie fus le premier qui donna l'aduis de la tromperie & fauffeté
de l'experience par le filet de chanure. En fuitte dequoy ie retra-
ctay mon erreur en la pag. 30. *Defenf. Aftron. Reftit. aduerfus from-
mium.* Or fur cecy vous me donnez effrontement vn dementy, lequel fans l'attendre au bond, ie vous renuoye de volée. Car vos
raifons ne font que fines malices fardées d'apparéce pour tromper
vos Lecteurs. Vous dites en premier lieu que *vous defcouuriftes cette
tromperie long temps auant la publication de ma Defenf. Aftron. Reftit.*
Et ie vous nie que vous l'ayez defcouuerte le premier ; Ny par le
filet d'argent, car ce fut le P. Merfenne ; ny par le filet de chanure,
car ce fut moy, qui en donnay le premier aduis long-temps auant
icelle publication. Votre Lettre à M. Naudé, ou parlant de ce mouuement, vous luy difiez, *Habes hùc vfque obferuationem ac methodum
quæ fuit peracta, ac plufquam per menfem continenter fic repetita, vt
quamuis forfè fatis probata circumftanfia adhuc non fint ; faltem videatur vniuerfè talis quifpiam motus effe concedendus ;* Eft du mois d'A-
uril 1643. Et ma publication du Liure *Ala Telluris fracta* eft du 8.
May fuiuant : qui fait voir que vous & moy eftions en ce temps là
dans l'ignorance de l'affaire.

Or bien que ie fuffe marry de m'eftre trop hafté, fçachant bien
que mes ennemis prendroient pied fur moy là-deffus ; fi ne voulus-
ie pas faire exprès vn efcrit public de 8. ou 10. lignes feulement
que pourroit contenir ma retractation ; pour fur le champ retirer
mon epingle du jeu, puis qu'auffi bien ie la voyois perduë. Ie me
refolus donc de la faire en la defenfe *Aftron. Reftit.* que ie me com-
pofois contre la difpute aftronomique de Frommius Danois qui
m'attaquoit ; imprimée à Coppenhagen l'an 1642. Et laquelle defenfe fut par moy mife en lumiere le 1. Ianuier 1644. C'eft à dire
6. ou 7. mois tout au plus après que vous & moy eftions encor en
l'ignorance de la verité. Pendant ce temps là, vous dites auoir
compofé votre Apologie, & icelle enuoyé au commencement
d'Aouft 1643. en laquelle vous me repreniez de mon erreur : laquelle Apologie ie n'ay vû, ny rien fçeu de ce qu'elle contient
auant cette année 1649. Mais s'enfuit-il pour cela que ie n'aye def-

couuert le premier la tromperie de l'experience par le filet de
chanure? Pour fortifier vne si chetiue preuue de votre démenty,
vous m'obiectez mes paroles en la page 30. de ma Defence *Astron.
Restit.* qui sont telles. *Verùm hac in parte omnes decepti fuimus. Nam
perpendiculum filo argenteo tenuissimo suspensum stetit prorsus immobile
indicio visûs, vt ego ipse expertus sum, monitus à doctissimo & R. Pa-
tre Marino Mersenno obseruationibus physicis addictissimo.* Et me dites. *Par ces paroles, n'aduoüez vous pas, que ce fut le P. Mersenne &
non pas vous qui fit le premier cette descouuerte?* Surquoy ie vous responds que j'aduoüe que le P. Mersenne fut le premier qui descouurit qu'il n'y auoit point de mouuement: mais cela n'empesche pas,
qu'apres ie n'aye esté le premier qui descouurit la tromperie du
filet de chanure, qui en se tordant & detordant faisoit euidément
paroistre le mouuement du perpendicule. Puis donc que vous prou-
uez si mal votre dementy, il vous demeurera s'il vous plaist. Et
quant à ce que vous niez d'y auoir esté trompé comme les autres,
& de n'auoir jamais donné votre consentement à telle titubation
de la Terre : Ie dis que vos paroles à Monsieur Naudé cy-dessus es-
crites, font voir clairement que vous panchiez plus au consentement: sans parler de ce que vous dites ensuitte agitant la chose problematiquement, auec aduis aux Astronomes sur telle titubation.

Mais pour conclusion de cecy, si vous eussiez esté homme d'honneur, voire de conscience; auriez-vous apres nostre reconciliation consenty l'impression & publication d'vn discours enuenimé
contre moy, pour vn seul point de science dont ie m'estois retracté
publiquement depuis 6. ans, vous qui auez tant de fois & si impertinemment escrit contre toute la science de la vertu & des effets
des astres (qui est l'Astrologie) sans jamais vous estre voulu retracter par opiniastreté „fondée sur l'apprehension vaine d'estre ruiné
d'honneur si vous veniez à confesser qu'estes homme sujet à l'ignorance comme les autres, voire que selon votre pyrronisme, *hoc
vnum scis, quod nihil scis?* Vous seriez vous attaqué à vn mort, puis
que mon ignorance estoit morte depuis si long-temps? Vn Prestre
doit-il traitter de la sorte celuy qui a recogneu & confessé ses fautes?

Mais Saturne seigneur de votre Mercure, malignement posé &
au quadrat de Mars; Seigneur de votre milieu du Ciel, qui est de
vos actions; vous cause vn Esprit de vindicte si aspre à mordre &
ronger où il trouue dequoy, sans que votre raison s'y oppose; qu'il
n'espargne ny chose viuante ny chose morte. Et quant à ce que
vous dites en votre Apologie que m'estant retracté, i'admets
neantmoins vn mouuemét en la Terre, & tombe en diuerses absur-
ditez; l'y responderay en mon *Astrologia Gallica,* parlant du mou-

uement de la Terre, encor plus à votre confusion. Car pour le present ie ne veux respondre qu'au contenu de votre longue Lettre, qui contient la plus grande partie de votre Apologie. Passons donc outre.

Vous venez en suitte à parler de mes deux grands desseins, qui sont mon *ASTRONOMIA à fundamentis integrè & exactè restituta*, (laquelle comprend la vraye science des Longitudes) & mon *ASTROLOGIA GALLICA*. Touchant le premier, vous me refaites encor vne attaque sur la science des Longitudes: Mais i'y ay ja cy-deuant respondu & fait voir la vanité de vos objections. Et pour ce qui est de mon *ASTRONOMIA*, vous n'auez pas eu le courage d'enfoncer la barricade & donner dedans, de peur d'estre mal-traitté & repoussé honteusement. Vous vous estes contenté de tenir le dehors pour abboyer le loin contre le titre; lequel ou vous n'auez pas l'esprit d'entendre, ou n'auez pas la volonté d'en confesser la verité

Vous dites *que j'ay esté bien plus hardy que Tycho Brahe de donner ce titre magnifique à mon ouurage.* Et ie vous l'accorde, par ce que j'en ay eu raison; puis que j'ay fait voir que luy & tous ceux qui m'ont precedé auoient ignoré les vrays fondemens de l'Astronomie; lesquels j'ay tous donné si exactement, que n'auez pas eu enuie d'y mordre: & si vous l'eussiez pû, vous me l'auriez bien moins pardonné, qu'vne faute dont ie me suis retracté de moy mesme y a 6. ans. Or c'est en cecy que vous vous trompez; ignorant ou bien feignant ignorer le sens de mon titre. Si mon titre estoit simplement *ASTRONOMIA integrè & exactè restituta,* vous auriez quelque raison: Mais estant seulement *ASTRONOMIA à fundamentis integrè & exactè restituta*: Et ne traittant que des premiers & vrais fondemens de l'Astronomie, sur lesquels il faut faire les obseruations, puis les hypotheses, & enfin les Tables; comme j'ay dit plusieurs fois en mon Liure: Qui ne void (s'il n'est aueugle) que mon Titre est aussi vray qu'il est magnifique, pourueu que j'aye donné tous les vrais fondemens & bien exactement? Or outre ceux que j'ay donné, trouuez-m'en d'autres necessaires, & monstrez que ceux que j'ay donné ne sont suffisans pour ce que j'ay dit; ou faites-en voir les erreurs.

Vous dites que *les vrais fondemens de l'Astronomie, sont les exactes obseruations.* Mais ie ne pensois pas que sçeussiez si mal quels sont les fondemens de l'Astronomie. N'est-il pas vray que les obseruations astronomiques sont choses de Pratique? Et que toute Pratique doit estre fondée sur quelque Theorie; veu qu'on ne sçauroit bien obseruer, si on ne sçait côment il faut obseruer ce qu'on veut obseruer: soit les Parallaxes du Soleil ou de la Lune, soit l'o-

bliquité de l'Ecliptique, soit le vray lieu de quelque Estoille ou
Planette que ce soit ? Or j'ay le premier donné toute cette Theorie
au vray : I'ay donc le premier donné au vray tous les fondemens de
l'Astronomie, & par consequent mon Titre est vray.

Mais vous auez voulu dire cela, Par ce que durant votre vie, vous
auez fait grand nombre d'obseruations celestes; Par lesquelles vous
auez voulu paroistre grand Astronome, qui a donné les vrays fondemens de l'Astronomie: Ne pouuant souffrir qu'vn autre qui n'a
jamais obserué (comme vous dites de moy) vous enleue cet honneur. Et c'est dequoy ie me mocque. Car outre que pour donner
les premiers & vrays fondemens de l'Astronomie, il n'est pas besoin d'obseruer, mais seulement d'examiner les fondemens posez
par les Anciens, comme j'ay des-ia plusieurs fois respondu à Longomontanus & aux autres, contre laquelle responce vous deuiez
parler; D'ou vient que Ptolomée, Alphonse, Copernic, Tycho
Brahe, Longomontanus, Lansberg, Kepler, & les autres, qui ont
tant obserué, n'ont iamais pû donner des hypotheses & Tables iustes, sinon par ce que leurs obseruations estoient faites sur des faux
fondemens ? Et vous qu'auez vous obserué ? Des distances de Planetes & Estoilles, & des Eclipses du Soleil & de la Lune. Et quand
vous auriez eu, plan bien horizontal, ligne meridienne bien tirée, grands instrumens propres, bien fabriquez & diuisez pour
mesurer les minutes & secondes à precision possible & necessaire ;
(ce que toutefois n'auez pas eu) Auec vous auec vos distances &
vos Eclipses iamais pû determiner au vray le lieu d'aucun de ces
Astres ? Auez vous fait par vos obseruations des vrayes hypotheses
ou des Tables qui fussent iustes ? Ie pense que par mon *ASTRO-
NOMIA à fundamentis integrè & exactè restituta.* Vous auez bien
recognu que cela estoit impossible à nos Predecesseurs & à vous
sans les fondemens que i'ay donné. Ie croy de plus que vous auez vû
ce que Kepler dit des deceptions qui arriuent aux obseruateurs
des Eclipses; qui estoient les principaux fondemens de l'Astronomie des Anciens : Et le P. Fournier Iesuiste, en a rapporté grand
nombre d'exemples en son Hydrographie ou vous n'estes pas oublié. Et moy ie vous ay vû obseruer à Paris deux Eclipses de Soleil ;
où vous auiez vn homme qui conduisoit le Telescope auec sa main
tremblante; vous qui teniez & tourniez deçà & delà le cercle pre-
paré pour receuoir l'inconstante image du Soleil; vn tiers qui re-
muoit à l'hazard le chassis sur lequel estoit appuyé le cercle, afin
de suiure le mouuement du Soleil. Et le 4. à qui superfluëment vous
faisiez prendre à châque minute d'heure la hauteur du Soleil. Et
vous voyant si empressé & embarassé à ne rien faire de preciz ; j'ad-
mirois que fussiez admiré de la Compagnie qu'auiez conuié à ce
spectacle,

spectacle, pour faire des obseruations si groſsieres & incertaines:
Et que par ignorance, ou plutoſt par vne sordide auarice qui vous
eſt naturelle, à cause de Saturne, signisicateur de vos mœurs ; vous
n'euſsiez point d'inſtrument propre à faire facilement & preciſé-
ment telles obseruations, leſquelles neantmoins vous communi-
quiez par lettres aux plus ſçauans hommes de l'Europe, qui trauaillent à la reformation de l'Aſtronomie, pour eſtre nommé auec
eloge dans leurs liures, & vous faire de feſte. Qui s'eſtonnera
donc que l'Aſtronomie, baſtie juſques à preſent ſur tels fondemens, aye eu beſoin d'eſtre rebaſtie ſi ſouuent ?

Vous m'obiectez, *Que ſi quelqu'vn me demande la longitude de
quelque Eſtoille dans le Ciel ; Ie le renuoye juſques au temps que d'autres
auront trauaillé à deſigner la vraye longitude des Eſtoilles : Et s'il me
demande la longitude de quelque lieu de la Terre, Ie le remets juſques
à ce qu'on ait ſuffiſamment fait des obseruations ſur la Terre, pour mar-
quer la difference des temps, qui puiſſe regler la difference des lieux.*
En ce dernier vous parlez tout à fait contre la verité ; Et ne ſçauriez trouuer telle remiſe en tout mon liure des Longitudes : Mais
il faut excuſer votre inclination & habitude. Et pour le premier
vous dites partie vray & partie faux. Car ſi la Theorie du Soleil eſt
exacte, & que l'Eſtoille & le Soleil puiſſent tous deux eſtre vûs ſur
l'Horiſon en meſme temps ; Ie ne renuoye point à d'autres eſtoilles : Car par le vray lieu du Soleil, ie trouue la Longitude de telle
eſtoille, qui eſt vn beau secret donné en la page 226. *Aſtron. Reſtit.*
Mais ſi l'eſtoille & le Soleil ne peuuent tous deux en meſme temps
eſtre vûs ſur l'Horizon, il eſt vray que ie renuoye à quelque eſtoille, dont on aura ja trouué la longitude comme deſſus. Mais i'ay
donné les vrais fondemens pour baſtir la Theorie du Soleil, & trouuer ſon vray lieu, & en ſuitte celuy des eſtoilles : Auſquels fondemens vous ne ſçauriez rien trouuer à reprendre. Et voila pour mon
Aſtronomie, contre le ſeul Titre de laquelle vous auez en vain reſpandu tant de paroles ; qui ne vous font pas recognoiſtre pour
beaucoup ſçauant en l'Aſtronomie. Et de fait depuis qu'eſtes mon
Collegue en la Profeſſion royale des Mathematiques. Vous n'auez
enſeigné ny Arithmetique ny Geometrie (qui ſont les deux principaux fondemens des Mathematiques) auſquels on ſçait bien que
vous n'excellez pas : Mais vous eſtes contente de donner ſimple-
ment les trois ſyſtemes du Monde, ſelon Ptolomée Copernic &
Tycho Brahe, à deſſein d'eſtablir celuy de Copernic : Et n'auez
fait que cela, qui eſt bien peu de choſe, & dont la fin ne vaut rien,
puis qu'elle eſt d'eſtablir le mouuement de la Terre, à quoy do
tous coſtez vous bandez vos efforts, bien que vous diſiez le contraire. Auſſi en auez vous eſté payé de la maladie que vous traineż.

Finalement pour món ASTROLOGIE que i'ay nommé GALLIQVE pour honorer ma Patrie, vous me faites pitié de la vouloir attaquer. Car en estant si ignorant comme vous estes, puis qu'elle n'est encor en lumiere, & ignorant tout à fait de l'Astrologie en general, puis que vous la baffouez : qu'en pouuez-vous dire que des sottises ? Aussi ne l'attaquez vous pas par aucune raison, ny en votre grande Lettre, ny en votre Apologie, de peur de descouurir votre ignorance : Mais seulement luy faisant la mouë, & disant, *Que vous vous en mocquez, & la tenez pour des bourdes, si elle est comprise sous l'Astrologie en general : Estant aussi bien digne de mocquerie que la Chaldaique, ou Babylonienne, ou Egyptienne, ou Grecque, ou Arabique, ou Italique ;* Lesquelles vous semblez estimer sciences differentes, Et faites tout de mesme que si quelqu'vn se mocquoit de l'Astronomie de Tycho Brahe, par ce que c'est la mesme que celle de Copernic, d'Alphonse, & de Ptolomée, ou il se trouue des notables erreurs; ou bien croyoit toutes ces Astronomies estre sciences d'espece differente. Mais quand ce ne seroit que pour le respect de Ptolomée qui a donné les deux sciéces d'Astronomie & d'Astrologie, & qui a esté si grand personnage, si honoré en son temps, & depuis ce vieux temps; vous deuiez parler de l'Astrologie plus modestement : Et ne le point tenir pour vn sot, de s'estre amusé à des bourdes.

Or vous me faites bien rire, quand sur le reproche que ie vous fay, de n'auoir jamais dressé ny iugé aucune figure celeste, vous me repartez en ces termes. *Il faut aduoüer que vous vsez enuers moy d'vne hardiesse bien presumptueuse, & qui meriteroit à la verité vne celebre dementie, si i'estois d'humeur à faire le fanfaron. Mais en me contantant de vous dire simplement que cela est tres faux; Ie demande tres-humblement pardon à DIEV, de n'auoir autrefois que trop employé de temps apres ces bagatelles.*

Surquoy ie ne vous respondray que trois choses. La premiere, Que jamais durant nos couuersations, vous ne m'auez dit qu'y eussiez trauaillé, ny ne m'auez fait voir aucune figure dressée par vous, ny pour les Natiuitez, ny pour les maladies, ny pour les Eclypses, dont auez tant fait d'imparfaites obseruations : Et ay toûjours recogneu en vous vne antipathie contre cette science; D'ou i'ay eu sujet de juger que n'y auiez jamais employé le temps & l'esprit. La seconde, Que si vous y auiez tant employé de temps comme vous voulez faire accroire: vous auriez eu l'esprit bien grossier de n'y auoir recogneu aucune verité. Et la troisieme, Que le temps que vous auez employé à cette science, n'estant pas seulement vn peché veniel (si vous n'auez eu quelque mauuais dessein, ou crû que c'estoit vn art diabolic) Ie vous conseille de demander pardon à DIEV de vos autres pechez, sans seulement faire scrupule de celuy là. Que si vous voulez icy obiecter Loix, Canons, & Bulles; vous auez votre repartie en ma responce à la Lettre de la Roche supposée par Barancy & Neuré. La moindre fois que vous auez manqué à dire votre Breuiaire sans cause legitime; Le moindre acte d'enuie de vindicte ou de malice que vous auez formé escriuant contre moy auec falsifications mensonges, &c. (sans parler d'autres choses) sont les pechez dont il vous faut rendre compte, & demander pardon à DIEV. C'est pourquoy votre celebre dementy estant encore moins prouué que le premier, il vous demeurera auec le premier.

N'est ce pas encor vn effet de votre malice, de me reprocher en votre Lettre *que ie vous ay dit vne fois* (raillant auec vous en amy) *que deux femmes villageoises ayans perdu quelque chose, & m'estans venües trouuer, elles me dirent qu'elles s'addressoient à moy comme au Deuin pour auoir des nouuelles de leur perte:* Sans mettre ensuitte la Chrestienne & pieuse reprimende, que ie vous dis en mesme temps que ie leur auois fait, de recourir aux Deuins & Sorciers pour choses perdües ou autres? Et comme i'ay fait la mesme reprimende à d'autres personnes voire de qualité de l'vn & de l'autre sexe; qui se sont addressez à moy, ou pour Talismans ou pour chose de Magie: ayant encor plus d'auersion naturelle & plus iuste, contre ces superstitions & impietez, que vous n'en auez contre l'Astrologie. Mais vous m'auez voulu rendre execrable, de ce que ie suis le plus loüable: veu que d'autres que moy n'eussent pas refusé l'argent qu'il y auoit à gaigner: Et principalement ceux qui abusans de l'Astrologie donnent response sur toutes sortes de questions, sans auoir esgard à la figure natale: Contre lesquels i'ay escrit au 26. Liure *AS-TROLOGIÆ gallicæ*, qui est intitulé, *De Interogationibus & Electionibus*. Mais poursuiuons vos autres discours contre l'Astrologie, pour voir si nous y trouuerons plus de raison.

Par ma Lettre à Monsieur Gautier, i'exposois le iugement d'vn Gentilhomme mien Amy sçauant en l'Astrologie sur votre figure natale; Pour vous faire voir par vos mœurs, esprit, & accidens de votre vie, l'influence & la puissance des Astres sur vous mesme. Et disois ensuitte que si n'estant capable de comprendre ces choses, vous vouliez prendre vn Aduocat pour plaider cette cause *in senatu Astrologorum:* Il n'y a aucun doute que vous seriez condamné à vous recognoistre suiet à l'influence des Astres;& à leur faire hommage de votre esprit, sçauoir, renommée, amys, &c. Voicy ce que vous auez respondu. *Or pour cela encore ne meritez vous pas que ie vous enuoye promener auec tout votre non pas SENAT, mais SABBAT, non pas ASTROLOGORVM; mais ASTROMAGORVM: & que ie vous die auec le S. Apostre. Quæ conuensio Christi ad Belial;* puis que par la grace de *DIEV* i'ay le bonheur d'estre l'vn de ceux à qui pour leur particuliere vnitiõ, nostre Seigneur fait l'hõneur de les appeller *Christos suos* : Et que pretendant vous de vous rendre le chef de ceux à qui il a esté dit, *Annonciate quæ ventura sunt nobis* ; *Et dicemus quia Dij estis vos* ? &c,

Or sur ce que dessus i'ay 3. choses à repartir. La premiere. Que puis que vous mettez difference entre Senat & Sabbat, & entre Astrologues & Astromages; Ie demande que vous m'appreniez yn peu que signifie ce beau mot d'Astromages, & qu'est ce que le Sabbat des Astromages? Car ie n'en ay encor jamais oüy parler; Et vous ne voudriez pas qu'on crut de vous, que vous parlez d'vne chose que vous ne sçauez que c'est. La seconde. Que Louis Gauffridy Prestre Prouençal, estoit aussi bien Christus que vous selon votre interpretation : Et neantmoins il a eu si grande conuention ou pasches auec Belial (c'est le Diable) que par Arrest du Parlement d'Aix, il a esté bruslé à Aix, comme Prince & Chef de la synagogue des Sorciers, & moy-mesme l'ay vû brusler. Ie vous ay bien oüy dire qu'il estoit aussi peu Sorcier ou Magicien que vous : Et mesmes l'auez voulu persuader en votre 2. Liure *de vita Perreschij pag. 135.* Mais si vous l'estiez autant qu'il l'a esté, vous ne le seriez que trop. Et m'estonne encore fort de ce qu'au mesme lieu vous ayez parlé des Stigmates, dont le Diable marque tous les Sorciers ou Magiciens, à la descharge d'iceux, veu qu'ils s'opiniastrent à nier qu'ils soient Sorciers, jusques à ce qu'on leur ay trouué ces marques. Mais toute votre vie vous auez esté d'humeur à soustenir des opinions extrauagantes, & qui chocquent mesmes le sentiment de l'Eglise, duquel vous ne vous souciez guerres. La troisieme. Que disant que ie pretends me rendre le chef de ceux à qui il a esté dit en Esaie cap. 41 *Annonciate quæ ventura sunt in futurum & dicemus quia Dij estis vos.* Vous meriteriez bien vous mesme vn celebre dement y, parlant si mal à propos. Car en premier, lieu le Prophete parloit d'vne prediction certaine & infaillible des choses futures; Laquelle est rejettée par les Astrologues Chrestiens, & mesmes par Ptolomée Payen, veu que l'Astrologie n'est qu'vne science coniecturelle des choses futures. Secondement il parloit aux Augures Aruspices & Prestres qui presidoient aux Idoles & Oracles des faux Dieux, qui se vantoient faussement de dire au vray les choses futures par leurs superstitions diaboliques. Or ce seroit grande folie à vous de dire que ie sois ou aye esté du nombre de ces Prediseurs, & que ie pretende de m'en rendre le chef. Apprenez donc mieux le vray sens des saintes Escritures, ou vous vous appliquez moins qu'à celle de Lucrece de Laerce, & d'Epicure.

De plus ayant dit qu'au Senat des Astrologues vous seriez condamné à vous recognoistre suiet aux influences des Astres, & à leur faire hommage de votre esprit, sçauoir, renommée, amys, &c. Vous me demandez *si ie n'ay point apprehendé d'estre hué comme vn Prophane d'auoir parlé de la sorte?* Comme si i'auois exclus la premiere cause qui est DIEV. Mais vous Grand, voire Tres-grand Philosophe de la secte d'Epicure qui estoit impie, & hypocrite, n'auez vous point peur d'estre hué estant au Soleil; De dire (comme il s'ensuit de votre discours) que vous ne tenez point du Soleil la lumiere & la chaleur que vous sentez: mais que vous ne la tenez que de DIEV? Pour vous mieux expliquer vous accordez ensuitte tous les accidens de votre vie que ie cotte: Mais vous dites deux choses. La premiere, *Que de vos biens naturels vous en rendez tres-humbles graces à DIEV, à qui il à pleu de vous les donner, & vous faites bien, Mais qu'au reste, pour ces Iupiters, Mercures, Mars, & toute cette autre Deitale (ce sont vos mots) vous leur baisez les mains. Et vous contentez de les recognoistre tout au plus pour quelque cause generales de ce qui se fait icy bas.* Prenez garde! vous auez pensé deuenir Astrologue, pour en auoir trop dit: Et qui vous presseroit de respondre comment ils sont causes vniuerselles, ou vous deuiendrez tout a fait Astrologue, ou vous ne direz rien qui vaille en vos responses. Vous excluez toutefois (dites vous) le Soleil & la Lune. Or niant les influences, vous ne recognoissiez au Soleil que la lumiere & la chaleur; & n'estes en cela plus grand Philosophe qu'vn ignare paysan. Et pour la Lune qui n'a ny lumiere ny chaleur propre, qu'y recognoissiez vous de particulier, pour l'exclure au preiudice de Venus qui à ses phases comme la Lune, & des autres Planetes, qui n'ont lumiere d'eux mesme, comme la Lune? Pour l'honneur de DIEV & le votre taisez vous de la vertu des Astres, iusques à ce que vous en ayez appris à parler de moy : bien que par votre Apologie & grande Lettre vous me croyez incapable de vous rien apprendre.

Et afin que ie n'oublie rien ; Apres auoir rendu graces à DIEV du bien naturel qui est en vous; D'ou tenez vous la malignité naturelle que vous auez, à faire la patte peluë, la chattemite & l'agneau : Et cependant à la premiere mousche qui vous picque, mesme auec iuste suiet, vous vous emportez d'enuie, d'hayne & de vindicte, à deschirer la reputation d'vn homme d'honneur : sans espargner mensonges, falsifications, impostures, &c. Car vous ne pouuez nier ceste malignité qui est trop euidente en ce qu'auez escrit contre Monsieur Descartes, personne de merite & rare sçauoir, & contre moy. Vous ne direz peut-estre pas que vous la tenez de DIEV seul. Vous ne pouuez pas encore dire du Diable; Car le Diable ne donne point d'inclinations naturelles. Si vous dites que cela vient de la malignité de votre volonté ; Ce sera toûjours à recommencer d'où vient cette malignité de volōté en vous, & non en vn autre? Peut-estre alleguerez vous vos atomes d'Epicure, qui selon leur nombre, figure, situation, &c. font telle & telle inclination naturelle : Mais si i'allegue les causes celestes rapportées cy-dessus en mon Epitre à M. le Conseiller Gautier, elles seront plutost recognuës veritables par 100. Astrologues, que vos atomes d'Epicure par vn seul Philosophe bien sensé.

Ie n'ay point encor eu loisir ny volonté de voir vostre Philosophie d'Epicure, où l'on m'a dit que vous auez inseré vn Discours contre l'Astrologie : Mais en mon AS TROLOGIA GALLICA, ie vous chapitreray selon vos merites. Car pour le present vous en auez assez. Et j'apprehende dessia que vous ne disiez que ce sont vos amis qui l'ont fait imprimer à vostre insçeu; Puis que quelques sçauans hommes qui ont veu votre Discours m'ont rapporté qu'il n'est basty que de raisons de neant prises de Picus Mirandulanus, Alexander de Angelis, & de Sixtus ab Hemminga: lesquels i'ay desia plus que suffisamment refuté en l'ASTROLOGIA GALLICA dans les occurrences.

La seconde des deux choses que vous dites, est touchant les predictions que vous cottez que i'ay faites ou deu faire. La premiere prediction que vous me reprochez, est du iour de la mort du Roy Louys XIII. d'heureuse memoire : dont vous faites vne Histoire entrelardée de plusieurs menteries (à quoy vous estes fort habile) à dessein de me rendre ridicule. Car il n'y a rien de vray, sinon que la maladie du Roy allant tousiours empirant; il m'eschappa en parlant d'icelle auec vous, comme amy, de dire, qu'il couroit hazard de mourir le 8. de May d'icelle année 1643. comme i'en auois donné aduis depuis plus de trois mois, à ceux qui auoient plus d'interests à prendre garde à sa santé & à l'Estat : Dont il y a encor vn Grand de la Cour qui en peut rendre bon tesmoignage. Or j'arrestay ma prediction à ce iour là; Parce que du 8. & du 14. qui estoient tous deux perilleux, le 8. me sembla, & estoit en effect le pire : Auquel Mars passoit sur l'Horoscope du Roy, qui estoit le 12. degré de l'Escreuisse; Et la Lune passoit à l'opposite sur les 9. heures du matin; Mars & la Lune estans au quadrat de Saturne, Seigneur de la 8. comme il appert par les Ephemerides. Et en effect ce iour là, le Roy fut malade à telle extremité, qu'on creut qu'il alloit mourir. Mais le grand soin des Medecins, & l'excellence des remedes corroboratifs, luy firent passer ce iour là : Auquel neantmoins il fut tellement blessé à mort, qu'après iceluy il n'y eut plus d'esperance de sa vie. Il vescut neantmoins par le grand soin & les remedes, iusques au 14. iour, que la Lune defluant de la conjonction de Saturne, & appliquant au quadrat de

l'Horoſcope & de Mars, que n'eſtoit pas encor à 3. degrez loin de
l'Horoſcope ; Le peu de force qui reſtoit ceda à la maligne influence de ce paſſage ; qui n'eſtoit point ſi mauuais que celuy du 8. iour,
comme diront tous les meilleurs Aſtrologues, mais qui eut affaire
à plus foible partie. Le 8. donna le grand coup & le 14. acheua,
Dequoy ſuis-je donc à blaſmer ſi de deux jours bien mauuais & aſſez proches l'vn de l'autre, j'ay iugé pour le plus fort, qui effe-
ctiuement donna le plus grand coup ; Et qui peut eſtre eut acheué
ſans le grand ſoin des Medecins, & les exquis remedes ? Eſt-ce
choſe digne de mocquerie que de faillir en ſemblables jugemens,
ou les plus grands Maiſtres ſeroient bien empeſchez ? Eſt-ce auoir
donné loin du but, trois mois auant l'effect, comme i'ay vn Grand
pour teſmoin, & non 8. ou 9. iours, comme vous voulez faire accroire en votre Apologie ? Et par cette hiſtoire l'Aſtrologie ne re-
çoit-elle pas plus de luſtre, qu'il n'eſt en tout votre poſſible de la
ternir, puis qu'en ces deux iours il y auoit pernicieux paſſage de
Mars ſur l'Horoſcope auec pernicieux aſpect de la Lune & de Saturne ? Or que tant les Maiſtres que les apprentifs d'Aſtrologie,
marquent ce rencontre ; Car il le merite bien.

La ſeconde (dites-vous) *eſt touchant l'année que ie vous auois
decerné fatale.* Qui eſt vne pure menterie : Car iuſques à preſent
ie ne vous ay iamais rien predit. Ne m'en eſtant non plus ſoucié,
que vous de me demander que ie vous prediſe quelque choſe.

La 3. eſt (dites vous) *l'année preſente* 1649. *qui eſt la* 67. *de mon
âge, que i'ay jugé la derniere de ma vie.* Ce qui eſt encor vne fauſſeté.
I'ay bien dit depuis plus de 12. ans à plus de 30. de mes amys, & a
vous, que i'apprehendois l'année 1649. comme tres-malheureuſe
& dangereuſe pour moy, à cauſe de la direction du Soleil & de la
Lune au quadrat de Saturne, qui eſt en la 12. maiſon de ma natiuité,
accompagnée d'Eclipſe & Reuolution tres-mauuaiſes, Et de fait
depuis 40. ans ie n'en ay point eu de ſi malheureuſe, touchant la
ſanté, les perils de la vie, l'honneur & les biens tout à la fois. I'ay
eſté trauaillé plus de ſix mois de dartres par tout le corps, dont ie
me ſuis guery par des eaux cauſtiques auec beaucoup de douleur ; &
m'eſt ſuruenu vne hernie, qui n'eſt pas petite maladie ny peu in-
commode pour le reſte de mes jours ; Et pour preuenir d'autres maladies capables de m'arreſter au lict, i'ay fait la guerre à l'œuil du
mieux que i'ay pu juſques à preſent, par Medecine & Aſtrologie, &
par fortes purgations ; durant vn temps que i'eſtois le plus accablé
d'affaires, pour leſquelles il me failloit eſtre toûiours ſur pieds
n'ayant perſonne pour les faire que moy-meſme. Mais les plus mauuais temps pour moy qui ſont l'Autonne & l'Hyuer ſont encor à
paſſer. Pour les perils externes de la vie, ſi ie n'euſſe ſçeu par Aſtro-

logle, qu'il y faiſoit tres dangereux pour moy, & que ſe ne me fuſ-
ſe retenu en l'humeur que j'ay de ne vouloir ſouffrir aucune injure:
I'y ſerois peut eſtre demeuré, dans les frequentes occaſions qui ſe
ſont preſentées tant durant le ſiege de Paris, defendant mon logis
contre les ſoldats; qu'apres le ſiege: Et meſmes en des jours bien
perilleux. Pour ce qui eſt des biens, il y a pres d'vn an que ie ſuis
en procés (moy qui n'en ay jamais eu juſques à preſent) pour plus
de 4000. liures qui me ſont deuës de gages & de penſion: & c'eſt
merueille que ie ne me ſois tué de fatigue en ſolicitant l'vn d'iceux
au Parlement, au grand Conſeil, puis au priué Conſeil. Et finalement pour l'honneur, ſe peut-il rien voir de plus horrible, &
ſans exemple, que ce que vous Neuré & Barancy, c'eſt à dire Saturne & ſes deux Satellites, tous trois en meſme temps, auez fait contre mon honneur cette meſme année; ny qui ait mis en plus grand
hazard ma ſanté & ma vie pour le deſplaiſir que i'ay eu de me voir
traitté de la ſorte inopinement & injuſtement; Et pour les veilles
continuelles que cela ma cauſé durant que ie faiſois mes reſponces,
& particulierement cette cy, eſtant d'ailleurs embaraſſé de procés
& autres faſcheux affaires qui ne me laiſſoient repoſer ny le jour ny
la nuit? Mais neantmoins il ny a qui que ce ſoit qui puiſſe dire ſans
mentir, que j'aye jugé que cette année ſeroit la derniere de ma vie.
Ie ne dis pas auſſi que ce ne ſera pas la derniere, puis que jen ay encor à paſſer juſques au 22. Feurier prochain. Et ſi ie la paſſe, j'entre
en vne autre preſque auſſi mauuaiſe & perilleuſe: Mais ie ne dis pas
pourtant que ce ſera la derniere de ma vie. Car eſtant encor robuſte
pour mon âge, & Dɪᴇᴠ mayant donné la connoiſſance de la Medecine & de l'Aſtrologie laquelle enſeigne que, *Poteſt qni ſciens eſt*
multos ſtellarum effectus auerier. Ptolom. aph. 5. Centil. & qui ſont les
deux yeux auec leſquels ie veille ſur ma vie interieurement & ex-
terieurement. Ie prenderay garde à moy du mieux que ie pourray
parmy le torrent des malheurs qui ſe deborde ſur moy; non pour
deſir que j'aye de viure encor long-temps en ce monde, duquel ie
ſuis bien laſſe; mais pour ſeruir encor à Dɪᴇᴠ & au public, s'il plait
à Dɪᴇᴠ, duquel la volonté ſoit faite: Et lequel ie ſupplie me vouloir
deliurer des malins artifices de mes ennemys qui ne peuuent rien
faire contre moy qu'injuſtement.

La 4. eſt de Boulliau; *Auquel vous dites que j'ay limité la vie à*
38. ans. Qi eſt encor vne pure menterie. Car ie n'ay jamais fait ny
rectifié ſa figure, ny fait les directions & reuolutions d'icelle: ſans
leſquelles choſes ie n'ay jamais fait prediction à temps prefix; &
on ne le peut faire que ſottement.

Apres toutes ces menteries vous dites *que vous ſçaueʒ beaucoup*
d'autres predictions qui m'ont mal reüſſy. Et notamment (dites vous)
d'vne

d'vne grande Princesse ma bien-faictrice, (c'est donc la Reyne Mere Marie de Medicis, tres-bonne Princesse, & de tres glorieuse memoire, laquelle me fit auoir ma Charge de Professeur du Roy, pour luy auoir predit la maladie perilleuse que le feu Roy eut à Lyon: mais qu'il n'en mourroit pas) *qui s'est plainte en mourant de viure dix ans moins, que ses Astrologues ne luy auoient promis.* Mais en cecy vous estes encor bien plus dangereux menteur : Et qu'on m'excuse si ie vous parle de la sorte en telles matieres. Car ie n'ay jamais eu l'honneur d'estre son Astrologue pour sa Personne & sa fortune comme ont sçeu les principaux Officiers de sa Maison, & particulierement ses Medecins, ausquels ie n'aurois manqué de donner mes aduis pour ce qui regardoit sa santé, & sa vie. Et c'est bien à mon grand regret : Car estant grandement obligé à seruir sa Majesté & en ayant le desir ; à la derniere des trois fois que j'ay eu l'honneur de luy parler estant seule, ie pris l'hardiesse de luy demander l'heure de sa natiuité qu'on tenoit si secrette, auec le respect que ie deuois ; & m'offris à la seruir fidellement selon mon pouuoir. Elle me fit response qu'elle le vouloit & me la donneroit vne autre fois. Et peu de iours apres elle alla à Compiegne ou le malheur luy arriua. Et n'ay pû sçauoir l'heure de sa naissance qu'apres sa mort, par vne personne de qualité qui estoit à elle, & qui la sçauoit fort bien ; Et qui peut tesmoigner que ie dis vray : Et que ses Astrologues estoient deux Italiens fort ignorans de cette science. De sorte que par ce que dessus, il semble que vouliez contester auec le P. Duliris, qui de vous deux l'emportera en menteries & fourberies contre moy, chose bien honteuse à des Prestres, & qui procede de fort grande malignité. *Sed magna est veritas, & præualet. Esdra lib.* 3. *cap.* 4. Or en tout ce que dessus auez vous apporté quelque raison pour impugner l'Astrologie ? Vous n'en estes nullement capable; mais seulement de la nier, vous en mocquer, & dire des mensonges: Et quand vous sçauriez bien toutes les belles predictions que j'ay faites mesme à jour prefix ; vous vous empescheriez bien d'en rapporter aucune.

Enfin vous deffiant bien que ie suis homme à descouurir *pudenda* de quelque mensonge que ce soit qu'on puisse forger contre moy, vous me prenez d'vn autre biais: Et me demandez de vous faire quelque prediction de chose future qui vous attouche, pour preuue da la verité Astrologique. Or par ma response à la Lettre de la Roche supposée, j'ay des-ia fait ce que me demandez ; sur l'instance que Barancy & Neuré m'en ont aussi fait sous ce nom de la Roche. Car j'ay dit que si vous ne prenez bien garde à votre santé, vous courez hazard de mourir de maladie l'an 1650. Et qu'entre plusieurs mauuais temps d'icelle année, le plus fort de la maladie ou du peril,

me semble tomber sur la fin de Iuillet ou commencement d'Aoust.
Vous me deuez remercier de cet aduis, & y prendre garde, comme
ie ne doute point que ne le fassiez, bien que vous vous mocquiez encor en public de l'influence des Astres, pour estre par trop engagé
à continuer vos mocqueries, au lieu de vous retracter. Et peut-estre
qu'y prenant bien garde vous pourrez euiter le malheur, pourueu
que la Nature & les forces ne vous manquent. Car quand ie dis que
vous courez hazard de mourir l'an 1650. ce n'est pas à dire qu'asseu-
rement vous mourrez, ou que ce sera la derniere de vos années,
comme l'entendent sottement les ignorans des termes de l'Astrologie qu'ils falsifient, & font toûjours le Loup plus gros qu'il n'est:
Mais cela signifie seulement qu'il y a grand peril à euiter par prudence requise, si faire se peut, à peine d'y demeurer, Et peut-estre que
ma prediction & votre soin vous sauuerôt la vie. *Nam potest qui scies
est* (c'est à dire qui est aduerty ou par sa propre science ou par celle
d'autruy) *multos stellarum effectus auertere, Ptolem. aphor. 5. Centiloq.*

Voila donc ma response à votre grande Lettre, & à plus
des trois quarts de votre Apologie, que vous y auez inseré touchant
la titubation & mouuement de la Terre, les Longitudes, l'Astronomie reformée & l'Astrologie. Et pour ce qui reste à en dire, principalement des raisons astrologiques contre le mouuement de la
Terre; Ensemble des 4. Elemens, des 4. premieres qualitez, de ma
diuision de la Terre & de l'Air en 3. differentes regions; & de leurs
causes, Toutes lesquelles choses vous tenez pour des bourdes en votre Apologie, mesmes contre la principale maxime de votre Pyr-
rhonisme, qui enseigne de suspendre son jugement & de ne rien
affermer ou nier; on en trouuera les Responses en mon *Astrologia
Gallica*, où i'ay esté obligé d'en parler. Par lesquelles ie pretends
faire voir auec bonnes raisons, que ce que vous tenez pour bourdes
est verité: Et que ce que vous tenez au contraire pour vray, n'est
que *nugæ nugarum.* En plusieurs endroits de votre Lettre & de votre
Apologie, vous parlez de mes artifices, comme si ie n'estois qu'vn
pipeur à surprendre les Esprits: Et en beaucoup plus d'endroits,
vous me traittez d'ignorantissime. Tout cela vous le faites par artifices propres à votre dessein de me ruyner de reputation pour establir la votre; y adioustant mesme falsifications de mes textes ou de
leurs sens, mensonges, &c. Or mon artifice n'est autre, qu'vne
naifueté à dire les choses comme elles sont, accompagnée de puis-
sates raisons pour faire paroistre la fausseté de vos artifices; & vous
faire recognoistre que ie ne suis point si idiot que vous m'auez crû,
& que selon le vieux prouerbe, fin contre fin ne vaut rien à faire
doublure.

En votre Apologie & grande Lettre, mais surtout en la rupture

de notre reconciliation , par vous faite à Lyon , vous m'auez donné
grand ſujet de vous traitter de paroles bien plus aigres que ie n'ay
fait: Mais c'eſt encor en cela que ie vous ay voulu vaincre , & me
vaincre encor moy-meſme. Et veux bien que vous ſçachiez que
n'eut eſté la trop infame & trop fauſſe Preface de ce ſourbe Ne.
uré ſur votre Apologie , dont vous auez conſenty l'impreſſion , au
grand deshonneur de feu Monſieur le Prieur de la Valette , votre
meilleur & plus ancien Amy; quoy que vous diſiez pour vous en excuſer: l'euſſe eſté homme à ſouffrir tout l'affront de telle Apologie
ſans m'en plaindre ; Pour tenir la parole que ie vous auois donné
de n'y point reſpondre ſi elle s'imprimoit & publioit , & ne rompre
de nouueau notre amitié renoüée , & euiter toutes ces fatigues ou
i'ay grand regret d'employer mon temps. Mais vos amis & vous
encor plus qu'eux , m'auez forcé à faire ce que i'ay fait ; Et que ie
veux bien eſtre ſçeu & publié par tout: Afin que ſur les pieces de
part & d'autre veües , chacun donne ſon jugement , ou le ſuſpende
à la Pyrrhonienne. Pour le moins i'ay cet auantage ſur vous, ſur vos
ſatellites Barancy & Neuré , & ſur tous ceux qui m'ont attaqués
qu'on ne me peut reprocher ny menſonge , ny falſification , ny impoſture, ny fourberie: Mais vous & vos compagnons ou diſciples,en
eſtes tous vilainement tachez ; Et ne ſçauriez autrement eſcrire
contre moy , ny vous purger d'aucun des vices que ie vous obiecte;
bien qu'ayez temerairement voulu purger votre Epicure de tous
les vices qu'on luy a obiecté, & le faire paſſer pour vn ſainct , à deſſein de l'introduire plus facilemét dans les Eſcoles de Philoſophie
& Theologie , & en bannir Ariſtote , lequel vous vous eſtes efforcé
de deſcrier.

Que ſi vous auez encor quelque Tome in folio à repliquer , permis à vous de le produire; pour taſcher à reſtablir ou affermir votre reputation , que Saturne ſi mal affecté en la ſixieme maiſon,
eſtant Seigneur de votre Soleil en la premiere , menaſſe enfin de
beaucoup fleſtrir , & d'en bien roigner les aiſles ; A quoy cette reſponſe & mon *ASTROLOGIA GALLICA* n'aideront pas peu.
Car pour moy cette piece & les deux autres precedentes que i'ay
produit , font voir aſſez clairement que ie ſuis homme capable de
vous repliquer *in infinitum* touiours auec auantage. Et nonobſtant
tout cela ie ne laiſſeray de finir cette cy comme vous la votre *pro
forma*; Diſant que ie ſuis.

MONSIEVR,

De Paris ce 17. Octobre 1649.

Votre tres-humble tres-obeïſſant & tres-affectionné
ſeruiteur I. B. Morin.

E ij

RESPONSE

DE IEAN BAPTISTE MORIN, DOCTEVR EN MEDECINE, ET PROFESSEVR du Roy aux Mathematiques.

A LA LETTRE

D'vn qui se nomme François de Barancy, Docteur és Droits, & Aduocat en Parlement.

MONSIEVR,

Pvis que pour me parler, vous quittez le masque du faux nom de la Roche, & prenez celuy de Barancy; par lequel vous estes cognu à Lyon, & peut-estre incognu en vostre Patrie: Ie vous diray pour response à la votre, que peu à peu vous vous ferez entierement recognoistre pour ce que vous estes. Par les autres Lettres que vous & Neuré auez faites contre moy, Ie voyois bien clairement que vous estiez deux malins Esprits & fourbes en cramoisi: Mais sans votre derniere Lettre ie n'eusse pas creu qu'eussiez esté si plaisant Bouffon. Et me sembloit bien que par dessus toutes vos autres qualitez vous auiez particulierement cultiué la bouffonnerie & excelliez en icelle, comme la plus vtile & necessaire à votre subsistance. Car à ce qu'on m'a dit, estant gueux comme vn rat, vous mourriez de faim, si la bouffonnerie ne vous faisoit auoir lippée franche aux bonnes Tables & Cabarets de Lyon; Et ne vous valoit plus de reuenu, que les Titres de Docteur és Droits, & Aduocat en Parlement que vous vous attribuez, & qui vous sont inutiles.

Mais comme ie ne suis pas homme entendu en la bouffonnerie, à laquelle mesmes i'ay auersion naturelle; I'ay bien changé d'opinion, quand ayant fait voir votre Lettre à des Esprits de ceste ville, sçauans dans les Sciences & bonnes lettres; voire fort subtils en la belle Raillerie; Ils m'ont assuré que votre Lettre estoit la plus sotte bouffonnerie qu'on peut voir. Que si vous veniez à la Cour debiter aux bonnes Tables telle raillerie, les Pages & Laquais vous larderoient les fesses d'epingles & d'aiguilles : Et qu'en somme votre Lettre ne valoit rien qu'à faire rire quelques sots de votre humeur & capacité, & torcher le cul des Sages : Ce qui sera confirmé par tous ceux qui auront vû votre incomparable bouffonnerie, qu'aucun ne veut lire iusques au bout.

Peut-estre vous plaindrez-vous de ce que d'abord ie traitte si rudement vn pauure Bouffon, *qui par sa Lettre ne demande qu'à rire auec le rieur Democrite, & qui mesmes me prie de rire auec luy.* Et d'autres diront qu'en 12. pages de raillerie d'vn tel Esprit que le votre, il n'est pas croyable qu'on n'y trouue quelque chose de bon, ou en Science, ou en Moralité pour contenter le Lecteur, & vous faire estimer. Mais la lise & relise qui voudra d'vn bout à l'autre ; ie n'y ay recognu que l'ignorance & la folie de l'Autheur.

Vous niez dés l'entrée *que soyez, l'Autheur de la Lettre escrite sous le nom de la Roche.* Or ie n'ay pas dit qu'en soyez le seul Autheur ; Mais que les Loix, le Digeste, le Code, & le Canon ; ensemble l'intelligence de la Chicane, & du trafic des Liures, prouuoient euidemment, qu'elle estoit de la foible ceruelle d'vn chetif Aduocat, ou d'vn Libraire, ou d'vn meslange des deux ; A quoy vous ne respondez rien : Ains au contraire par les dernieres paroles de votre Lettre, vous vous en confessez clairement l'Autheur, Et partant la Roche de neige s'est fonduë en sotte bouffonnerie.

En suitte vous confessez *d'auoir procuré l'impression de l'Apologie de M. Gassend contre moy, dans l'Imprimerie que vous gouuernez; Parce (dites-vous) que vous auez iugé que mon Libelle, intitulé* Alæ Telluris fractæ *ne valoit rien; Et au contraire que son Apologie estoit tres-bonne.* Mais de fol Iuge courte Sentence. N'auez-vous iamais oüy dire ou leu, que *Homine ignaro nihil iniustius?* N'est-ce pas grande folie à vous qui estes si ignorant en Philosophie, qu'en vos deux Lettres de la Roche & cette-cy on n'en voit pas vn seul traict, bien qu'ayez eu sujet d'en parler ; De vous vouloir mesler de juger d'vn poinct de doctrine, controuersé entre les plus sçauans Esprits de l'antiquité, & encor du temps present ; qui est le Probleme du repos ou mouuement de la Terre ; Et mesmes le juger sans estre capable de l'examiner ? Mais ma consolation est, que tout au plus vous n'estes qu'vn Iuge de village, & non en dernier ressort.

Vous dites apres ces belles paroles ; *Pour moy ie loüe* DIEV *de ce que par sa saincte Grace i'ay vn Esprit de douceur & de quietude; qui non seulement ne s'irrite point dans de pareilles rencontres* (belle phrase pour vn Aduocat en Parlement, qui me veut reprendre en la langue Françoise) *mais qui s'en diuertit auec quelque plaisir.*

C'est ainsi que le Pharisien commençoit sa priere. Or en si peu
de mots peut-on parler auec plus d'ignorance, soit en Philosophe,
touchant les inclinations naturelles, qui sont effects naturels de
causes naturelles; soit en Theologien touchant la sainte Grace de
Dieu, dont tous les effects sont surnaturels; & laquelle à votre
compte n'est efficace en vous, qu'à vous faire bouffon; N'est-ce pas
bouffonner de Dieu & de sa sainte Grace, pour le beau commencement de votre bouffonnerie? A l'Escole Monsieur le Docteur! Il
semble que n'ayez jamais appris à bien parler de Dieu & de sa sainte Grace;ou que l'ayez oublié depuis long-temps. Et voila pour votre Preface: venons maintenant à votre Examen de ma response à
votre Lettre sous le faux nom de la Roche.

N'ayant pû trouuer assez dequoy bastir votre sotte bouffonnerie
dans ma Response, vous auez pris vn grand essor; & vous estes
estendu dans les liures que i'ay fait imprimer : Non à dessein d'en
combattre ou renuerser la doctrine, dequoy vous estes encor plus
incapable que M. Gassend votre idole; Mais seulement à dessein
d'y cueillir par-cy par-là quelques mots pour composer votre raillerie. Ce qui est si aisé à faire sur quelque Autheur que ce soit, puis
qu'il y a diuers sujets & diuerses sortes de raillerie; qu'il n'y én a
aucun qui se puisse exempter de la langue viperine, ou de la plume
d'vn bouffon de cette humeur. Or mon intention n'est pas de respondre à chacune de vos bouffonneries, ny d'en prouuer la sottise,
ny de vous payer en mesme monnoye. Ie vous declare que ie n'en-
tends point raillerie, & que ie veux parler serieusement, autant
que le permettra le sujet de votre Lettre: Pour conseruer la grauité
Espagnolle que vous m'attribuez.

Ie diuise donc toute votre bouffonnerie en cinq principales
Parties.

La premiere est touchant la vanité dont m'accusez.

La 2. Touchant mes incongruitez en la langue Françoise contre
la reformation moderne, & autres fautes imaginaires.

La 3. Touchant mon nom, mes qualités, & mes Niepces.

La 4. Touchant M. Gassend & son Apologie sur la vie d'Epicure.

Et la 5. Touchant l'Astrologie Iudiciaire.

Sur lesquelles ie veux respondre succintement pour ne perdre
du temps, des paroles, & de la lessiue que le moins que ie pourray
à vous lauer la teste.

I.

Qvant à la premiere? Vous dites, *que ie bronche dés le premier
pas d'auoir fait ma Response à votre Lettre sous le nom de la Ro-*

che, contre le sentiment de la pluspart des gens doctes & de qualité, qui m'honorent de leur amitié. Et que de m'en vanter, c'est imprudence qui me rend ridicule.

Mais à ce premier pas vous bronchez bien plus lourdement par fourberie & iniquité. Par fourberie, en ce que ne prenant que quelques paroles que vous decousez de mon Texte, sans adiouster ce qui precede ou ce qui suit; Vous surprenez le iugement du Lecteur : Auquel par cet artifice il est impossible de cognoistre si j'ay bien ou mal parlé, si sa curiosité ne le porte à voir mon Texte. Et pratiquez cette fourberie en tous les autres lieux suiuans que vous cottez, & contre lesquels vous criaillez *vanité vanterie.*

Par iniquité. En ce que me condamnez d'imprudence sans mettre les raisons de mes amys qui m'ont voulu dissuader de respondre, ny les miennes qui m'ont obligé à ne leur acquiescer. Leurs raisons estoient que la Lettre du nommé la Roche, n'estoit qu'vne meschante Lettre & vne sottise indigne de mon temps à la regarder: A quoy i'adiouste qu'ils parloient pour leur interest & celuy du Public: Ne pouuans souffrir que i'employe si mal mon temps au lieu de l'occuper à choses meilleures qu'ils attendent de moy. Mais ma raison est que vous & Neuré n'ayans autre dessein par cette Lettre que de me ruyner d'honneur, & m'accabler iniquement d'opprobres & mespris, sous les auspices de M. Gassend, lequel pour cet effet vous esleuez iusques aux nuées comme vn faux Soleil; l'ay deu preferer la deffence de mon honneur aux remonstrances & persuasions de mes amys, comme on voit en la premiere page de ma Response. Or quelle imprudence y a-il en tout cela ? & quelle sottise à vous d'y trouuer à redire? Et ne trouuerez point que ie me sois vanté de ne pas suiure leur sentiment: Mais pour faire votre compte rond, il falloit encor cette menterie.

Et pour les autres lieux suiuans ou ie raconte ce que i'ay fait dás les sciences; ou trouuerez vous que cela soit defendu? si ie m'y estois loüé ou vanté par excés de belles & bonnes choses que ie n'eusse accomplies; vous pourriez crier *vanité & sottise.* Mais au moins ie ne me suis point loüé à faux ny par excés touchant la science des Longitudes & reformation de l'Astronomie qui sont de mon inuention: vos dents canines sont trop emoussées pour m'entamer de ce costé: C'est pourquoy il n'y aura sottise qu'en votre bouffonnerie sur ce sujet. Et pour le mouuement de la Terre qu'auez si fort en teste, que votre ceruelle s'en est renuersée; Donnez moy si vous pouués la solution du syllogisme que i'ay fait à votre *Maximus Gassendus,* pour prouuer physiquement que l'opinion du mouuement de la Terre est fausse; Lequel syllogisme il n'a pû resoudre (sans parler de ma raison astrologique) & puis criez tout votre saoül *vanité* sur moy, de

m'eftre vanté d'auoir donné la folution du fameux Probleme du
mouuement ou repos de la Terre : Mais fi ne le pouuez faire , qu'il
foit permis à tous de crier que vous eftes vn fot bouffon de bouffonner fans fujet.

Là-deffus vous hauffez votre ton ; *Et demandez fi ayant confeffé à
Monfeigneur le Cardinal Duc, en mon Epitre dedicatoire de ma folution
du Probleme, que l'opinion d'Ariftarchus & de Copernicus du mouuement de la Terre eftoit receü entre les plus celebres Philofophes &
Aftronomes de ce fiecle ; ce n'eft pas grande effronterie à moy d'auoir dit
au commencement de mon* Alæ Telluris fractæ *Que ie ne croyois pas
qu'aucun homme de bon fens mift le repos de la Terre en doute , ou en
voulut defendre le mouuement apres ce que i'en auois efcrit.* Et fur cela
vous demandez encor, *S'il eft jufte que ces grands Efprits fe rangent
à mon opinion, s'il ne veulent paffer pour des cerneaux demontez ?* Puis
bouffonnez à votre mode.

A quoy ie vous refponds, qu'il faudra bien que d'auffi grands
hommes fe rangent à ce que i'ay donné touchant la Reformation
de l'Aftronomie, qui pour cela ne feront pas deshonnorez : Et
qu'il faut toufiours reuenir à noftre premier poinct ; A fçauoir fi
i'ay bien deftruit les raifons de ces Philofophes pour le mouuement de la Terre, & bien demonftré que telle opinion eft fauffe.
Car cela eftant, ne fera-il pas vray de dire, qu'aucun homme de
bon fens, apres auoir vû mes raifons & demonftrations, ne defen-
dra le mouuement de la Terre ; & que ce ne fera point vanité à moy
d'auoir parlé de la forte? Or voila tout le plus grand vice que m'ob-
jectiez en toute votre Lettre : Difant *que ie me loüe & me vante par-
deffus les plus grands Philofophes & Aftronomes*, bien que ie le faffe
auec raifon , & que cela foit permis : Comme on voit en S. Paul
aux chap. 11. & 12. de la 2. Epitre aux Corinthiens, lequel feroit
encor bien pirement traitté, s'il tomboit entre les mains d'vn
bouffon Athée, qui mefmes n'efpargneroit pas D I E V Mais il y
a bien d'autres chofes à vous reprocher ; A fçauoir malignité d'Efprit , enuie, menfonge, impofture, fourberie, & fotte bouffonnerie , qui paroiffent toutes en ce qu'auez fait contre moy ; & dont
vous ne vous fçauriez purger.

I I.

D Ans cefte feconde Partie , bien que vous foyez vn gras bouffon, & engraiffé par vos bouffonneries ; fi bouffonnez-vous
bien maigrement. Vous n'auez à bouffonner que fur deux mots de
ma Refponfe, qui choquent votre foible Efprit ; *T R O P* repeté
4. fois en 4. lignes ; *& I C E L V Y* ou *I C E L L E* auffi repeté

pluſieurs fois, & qui ſelon votre dire *eſt banny de la langue Françoiſe par l'Autheur des remarques ſur la langue Françoiſe,* bien que
ny cet Autheur ne ſoit approuué, ny le mot *D'ICELVY* ne ſoit
reprouué de toute l'Academie de Paris, ainſi que i'ay appris d'vn
Poëte celebre qui eſt des plus renommés de l'Academie.

Or ie vous confeſſe franchement n'auoir iamais vû tel liure.
I'en ſuis aſſez diſpenſé par mon âge & ma profeſſion, qui n'eſt pas
de parler ſelon la nouuelle Reforme de noſtre langue inconſtante,
laquelle de 50. ans en 50. ans pour le plus, ſera ſujette à d'autres
nouuelles Reformes, de peur que les Reformateurs eſtablis ne
paroiſſent inutiles en ces temps : Mais de demonſtrer clairement
la verité ou fauſſeté d'vn poinct de ſcience : Et ſoit en François
ſoit en Latin, ie n'ay pas la reputation de mal raiſonner ou expliquer mes penſées. Mais vous qui eſtes Aduocat au Parlement, &
non pas en Parlement (comme vous parlez contre la Reforme)
& qui par conſequent eſtes obligé à l'Eloquence moderne ; voire
qui de plus eſtes Correcteur d'Impreſſion ; N'eſtes-vous pas ſou à
Marotte, de me gauſſer pour vn ſeul mot de Grammaire Françoiſe (car les repetitions ſont à propos) & qu'en votre Lettre vous
pechez plus de 50. fois contre la Reforme & l'Eloquence moderne, comme peut-eſtre vous verrez en vne Reſponſe à votre Lettre,
que fait vn jeune Aduocat au Parlement de Paris, fort ſçauant en
toutes les ſciences ; & bien plus raffiné que vous en la belle mode
de parler & de railler, & qui n'eſtime que ſottiſe voire folie votre
façon de gauſſer. Mais au bout du compte, entre vous & moy,
eſtoit-il queſtion de mots de Grammaire Françoiſe, ſelon la Reforme ? Non ; mais de poincts de ſcience ; Enſemble de malice,
enuie, impoſture, menſonge, & fourberie dont ie vous accuſois ;
& ſurquoy vous deuiez reſpondre.

Vous ditez qu'auſſi le faites vous en la page 5. de voſtre lettre :
Car ſur ce que ie vous obiectois qu'en toute voſtre lettre ſous le
nom de la Roche, il n'y auoit aucune periode qui ne fut ou ignorance, ou menſonge, ou impoſture, ou fourberie : Voicy comme vous
m'attrapez plaiſamment. *Ah Monſieur Morin mon Amy à quoy pen-
ſez-vous ? eſtes vous pas Catholique ou Chreſtien ? Il y a dans la lettre
de la Roche preſque vne Bulle entiere de Sixte quint* (corrigez-vous
Monſieur le Correcteur d'Impreſſion, il faut dire cinquieſme, &
non pas quint) *qui fait pluſieurs bonnes periodes de ceſte Lettre : &
vous voulez que les ſaincts Decrets de noſtre Sainct Pere ſoient ou ignorance, ou menſonge, ou impoſture, ou fourberie ? Voyez-vous où la
fureur vous emporte ?*

Mais Monſieur de Barancy mon Amy que dites-vous ? Auez-
vous tout à fait perdu l'Eſprit ? De toute votre Lettre de la Roche

vous n'exceptez que la Bulle de Sixte cinquiesme que vous n'auez
pas faire. Mais de ce que vous & Neuré auez fait de votre estoc,
vous n'en exceptez quoy que ce soit : *Ergo* tout ignorance, mensonge, imposture, ou fourberie, comme ie l'ay dit & entendu.

Vous vous pensez sauuer dans votre page 8. & vous purger d'vn
mensonge que ie vous objecte. En votre Lettre de la Roche vous
auez dit, *qu'en mon Liure intitulé* Alæ Telluris fractæ, *ie me suis*
escrié contre M. Gassend, Au perfide, au desloyal, au traistre ! & l'ay
voulu faire passer pour Heretique. A quoy i'ay respondu que ce sont
pures menteries qui ne se trouueront point au Texte de mon Liure :
Mais bien en ma Lettre à Monsieur le Conseiller Gautier parlant
de Neuré & Barancy. Que me repartez-vous là-dessus ? *N'ad-*
hoüez-vous pas icy clairement (dites-vous) que ces pures menteries qui
ne se trouuent point au texte de votre Liure, se trouuent en votre Lettre
à Monsieur Gautier ? Où est icy votre sens ?

A quoy ie vous responds, Que mon sens est, que si en ma Lettre à Monsieur Gautier, i'auois appellé M. Gassend perfide, desloyal & traistre ; vous auriez raison : Mais n'ayant vsé de ces
mots que contre vous & Neuré ; & le mensonge & les epithetes
vous demeureront, comme il est aisé à conceuoir par mes paroles :
encor qu'apres ces mots *Mais bien* ait esté obmis *se trouueront tels*
epithetes.

Finalement vous me raillez d'auoir donné l'eloge à Monsieur de
Monconnys, qu'il estoit des plus gentils esprits de Lyon. Or ie ne
croy pas qu'ayés vû le Theatre des esprits de Thomas Garson, où
l'on trouue qu'il y a diuerses sortes d'esprits signalez : les vns por-
tez au bien, & les autres au mal. Entre ceux-cy il y a des esprits
malins, enuieux, traistres, fourbes, endiablez, &c. du nombre desquels vous estes : & entre ceux-là des esprits sages, gentils, subtils,
graues, &c. Et tous ces esprits sont formellement distinguez par
leurs propres qualitez. Or la seule gentillesse est le lustre d'vn esprit releué, par lequel il est agreable, aymable & recherché dans
les conuersations, beaucoup plus que par quelqu'autre qualité que
ce soit qui sera sans gentillesse. Ce qui se rencontrant en Monsieur
de Monconnys, est-ce le mespriser ou en parler comme d'vn Har-
lequin ainsi que vous dites ? Mais peut- estre qu'autrefois vous aués
eu vn si vilain flux de bouche, que vous n'en serés jamais bien guary
pour loüer ou blasmer autruy : & qu'il vous faut d'autres remedes,

I I I.

IL faut commencer cette Partie par mon nom MORIN, lequel
vous deriuez de Μωϱόϛ. Mais si vous n'estiés Archifol, sinon de

nom, pour le moins en effet, comme on voit par votre Lettre, sçauriez vous pas qu'il n'y a aucun nom qu'on ne puisse deriuer de quelque mot ou Latin, ou Grec, ou Hebreu, ou Arabe, ou Aleman, ou
Esclauon, ou Chinois, &c. póur y trouuer tout ce qu'on voudra soit
de bien soit de mal : & que tel amusement n'est qu'vne sottise qui
vous est propre ? C'est pourquoy quand ie sçaurois bien votre vray
nom ie ne m'y amuserois pas ; Laissons donc la folie à l'Archifol, &
passons outre.

Pour mes qualités de Docteur en Medecine, & Professeur du
Roy aux Mathematiques à Paris ; boufonnez tant & si sottement
que vous voudrez en votre page 6. Vous auiés fait les sottises dont
ie vous ay repris, ne me qualifiant que *Medecin & Professeur en
Astrologie*. Et l'aués si bien recognu que vous vous en estes corrigé :
& auez parlé comme il faut en votre derniere Lettre.

Quant à la boufonnerie par vous si excellemment imaginée &
descrite en votre page 8. ou vous m'armez à votre guise, & me
faites suiure par mes Niepces, la pique à la main dans ma sale (qui
deuroit estre longue de cent lieuës, puis que ie demeure à Paris &
mes Niepces prés de Lyon) ausquelles ie fay crier (mais comment
de si loin ? *victoire, victoire, viue Morin*. Ie vous proteste que ie
n'eusse jamais creu à moins que de le voir ; que ma Response à votre Lettre de la Roche, eut fait vn tel effet en vous que de vous renuerser l'esprit, & vous reduire à faire publiquement le fol en cette
sorte. Mais fol que ie ne pense pas qu'aucun Charlatan ou Saltin-
banque, voulut prendre pour son valet à luy seruir de Tabarin ou
de fol sur le Theatre ; tant vos folies & boufonneries sont sottes.
Mais ie me resiouys de voir que de 13. qui m'ont attaqué de toute
leur force sur le repos de la Terre, sur les Longitudes, sur l'Astronomie & sur l'Astrologie, desquels vous estes le plus chetif &
ignorant ; Aucun n'a pû encor crier victoire sur moy, bien qu'ils
n'ayent espargné ny mensonges, ny fourberies, ny boufonneries,
Et ny vous ny Neuré, ny votre *Maximus Gassendus* (malin Trium-
uirat bandé contre moy pour auoir soustenu le ropos de la Terre,
& le Decret des Cardinaux contre le mouuement) ne commence-
rez pas. Ce qu'à bon droit *Miratitur Posteritas vniuersa*.

Si ie voulois vous rendre votre change, ie vous fournirois bien
de plus belles inuentions : Mais vous ne valez pas que i'en prenne
la peine. Il suffit de vous comparer au Duc Durbin, de la ville
d'Aix en Prouence, qui au grand deshonneur de DIEV, & de la religion, est porté le jour de la feste du sainct Sacrement sur vn Theatre publiquement, de porte en porte aux riches maisons ; Ou tout
nud & noircy depuis les pieds jusques aux cheueux & coronné de
plumes de queuës de Paon comme de rayons, & accompagné de

goujats & argoulets auſſi tous nuds & noircis ſur le Theatre; paré à
l'auenant de chathuans, corbeaux, renards, taupes, &c. il danſe au
ſon boufonneſque d'vne trompette, auec cris ſiſſlemens poſtures
& grimaces vilaines & ridicules: Le tout pour amaſſer argent qui
paye le pain & le vin neceſſaires à manger toutes les tripes de la
Boucherie qui luy ſont deuës ce jour là, pour feſtiner les Muletiers
& Vignerons de ſa compagnie. Car de luy à vous il y a vn parfait
rapport: Par ce que vous boufonnés & faites le fol, voire en public, & vilainement, & ſans honte: Et allés boufonner de porte
en porte aux riches maiſons; Et le tout pour la gueule & le ventre
comme ce Duc Durbin. Mais en votre boufonnerie de moy & de
mes Niepces, il n'y a que folle imagination ſans verité ny rapport.
De plus à quel propos mettre en jeu mes Niepces dont n'auès aucun ſujet de vous plaindre ny d'en railler? Dieu par ſa ſainte grace
vous a-il donné vn eſprit à boufonner ſi ſottement & malignement
aux deſpens de pauures & innocentes orphelines, l'vne deſquelles
eſt fort bonne Religieuſe, & maudire tant elles que mon âge de 67.
ans, dont la conſideration m'empeſche d'employer ſix mille liures
à mettre en lumiere l'ASTROLOGIA GALLICA? Il n'y a
que les impies qui le puiſſent dire & le faire comme vous, qui peut
eſtre ne croyez ny Dieu ny Diable.

Au bout du compte, vous auez vn aduantage ſur moy de ſçavoir
mon vray nom, mes qualitez, ma Patrie, & mes parens, Mais de
vous, depuis le long-temps qu'eſtes à Lyon, on ny ſçait encor au
vray ny votre nom, ny votre pays, ny vos parens, ny votre premiere condition: ſeulement la plus commune voix eſt, qu'eſtes re-
fugié à Lyon pour quelque crime; qui ne doit pas eſtre des moin-
dres, puis qu'il eſt accompagné de telles precautions.

IIII.

PAſſons à la 4. Partie. Icy vous touchez trois poincts. Le premier. *Qu'autrefois & meſmes en mon libelle Alæ Telluris fractæ*
j'ay loüé M. Gaſſend, lequel ie blaſme à preſent: diſant de luy *D. Gaſ-*
ſendus inter huius-ce temporis doctos valde celebris: Et en ma Reſponſe
à l'Apologie du P. Dulitis; *Que ſa probité & ſa ſcience ſont recognües*
de toute l'Europe; Et que c'eſt m'expoſer publiquement à la riſée
d'vn chacun d'auoir cette bonne opinion de moy que ie vaille autant que luy.

A quoy ie reſponds. Que Luther & Caluin ont eſté plus celebres
entre les doctes de leur temps, que n'eſt M. Gaſſend entre les doctes du ſien. Et neantmoins il ne s'enſuit pas, qu'en effet ils ayent
eſté les plus doctes ſoit en Philoſophie ſoit en Theologie. Et i'en

dis de mesme de Monsieur Gassend, qui a plus de bruit que d'effet:
& à qui vous & Neuré par vos fourberies & vaines loüanges auez
plus fait de tort l'animant contre moy, que ne luy auez fait de bien
ny d'honneur. Ie responds en outre, Que ce que i'ay fait à present
contre M. Gassend, n'est que pour faire encor mieux recognoistre
sa probité & sa science en toute l'Europe. Et par consequent que ie
ne me contredits point, ny ne suis digne de risée d'auoir opinion
que ie vaille pour le moins autant que luy : Puis qu'on ne me peut
reprocher rien deuant les hommes, qui approche de ce dont ie l'ay
conuaincu en ma Response à sa longue Lettre; soit d'ignorance,
soit de malignité : Nonobstant que votre sotte passion pour luy,
vous porte à me demander auec admiration, si ie n'ay point de
honte de me comparer à luy?

Le second. Qu'ayant dit que ie sçauois personne des plus capables, qui s'appreste desia à rendre ridicule la Physique d'Epicure:
Vous me demandez *si ce n'est point moy, ou quelque sot Pedant de mesme farine?* Et boufonnez là-dessus, sur l'opinion qu'auez que ce
soit moy qui l'entreprenne.

A quoy ie vous respôds. Que si ie n'auois à employer mon temps
à choses plus importantes & desirées de moy : il ne faudroit pour
cela autre personne que moy. Ie sçay assez comme il faut traitter
vn Pyrrhonien tel que M. Gassend : Et comme il luy faut donner
la gehenne pour demeurer d'accord de quelques principes, pour
l'empescher de se sauuer; qui est son principal but, en parlant
des poincts de science, & autres, sur lesquels ne voulant ou n'o-
sant rien determiner, & faisant seulement parler autruy, soit qu'il
le nomme ou non; il s'ouure tousiours des portes de derriere pour
s'euader : Et ressemble à vn joüeur de Goubelets ou de Carabasse,
qui gage hardiment pour cinq sols qu'il est dedans ou qu'il est dehors, pourueu qu'il tire le bon bout.

Il se trouuera encor dans sa Physique quelques experiences naturelles de Chymie, ou autres qui ne sont de son inuention, &
desquelles à son ordinaire & à l'imitation d'Epicure il ne cottera
les Autheurs. Mais pour les vrayes raisons il n'en parlera qu'en
vray Pyrrhonien; ou selon le sentiment des Autheurs qui en ont
parlé deuant luy. Car ie cognois l'esprit & la portée de M. Gassend beaucoup mieux que tous les forts Esprits qui sont de son
Party, & le supportent comme leur Patriarche.

Finalement il s'y trouuera quelques siennes obseruations Astronomiques mal-faites, auec chetifs instrumens, desquelles ie ne
fay aucun estat; bien qu'il en aye fait grande parade parmy les
ignorans qui ont esté presens : Et sur tout de sa description des ap-
parences de la Lune; sur lesquelles d'autres ont beaucoup mieux

fait que luy ; N'eſtant beſoin pour cela que d'vn bon Teleſcope auec les yeux & la plume.

Le troiſieſme. *Que ie blaſme M. Gaſſend, de ce qu'il prouue qu'E-picure n'eſtoit pas tel que le vulgaire le croit, & qu'il le purge des vices dont le peuple ignorant l'accuſe.*

Sur quoy ie vous reſpons en premier lieu. Que puis que Zenon, Cleanthe, Chryſipe, & toute la ſecte celebre des Stoïques ; Enſemble Ciceron, Plutarque, Galien, Sainct Clement Alexandrin, Lactance, S. Ambroiſe, S. Auguſtin & tant d'autres, ont declamé contre la fauſſe doctrine & les vices d'Epicure : Vous meritez d'eſtre enſeuely dans la lie du vulgaire & peuple ignorant, pour auoir mis ces grands Hommes au nombre du vulgaire & peuple ignorant.

Secondement. Que ſi vous & Monſieur Gaſſend n'euſſiez eſté fort ignorans en la Phyſiognomie, vous n'euſſiez pas mis l'effigie d'Epicure au commencement de vos Liures de ſa vie & Philoſophie. Car conſiderant bien ſon nez, ſes yeux, ſa bouche, ſes leures, ſon menton, ſa barbe, &c. c'eſt vne vraye teſte de Satyre : qui par conſequent porte ſignification de tous les vices d'vn Satyre, dont Epicure eſt accuſé. Et qu'on ne m'allegue point Zopire & Socrate : Car la voix publique à definy en choſe de faict, quel eſtoit Socrate, & quel Epicure : Ny qu'on ne m'allegue point quelques bonnes moralitez, qu'on dit eſtre de ſa Doctrine. Car Mahomet dans ſon Alcoran n'en manque pas, qu'il a derobé des ſainctes Lettres pour couurir le poiſon de ſa fauſſe doctrine, laquelle ſans cela ſeroit d'abord rejettée d'vn chacun.

Troiſieſmement, Le *Maximus Gaſſendus* recognoit deſia bien par ſa Preface de ſa Philoſophie d'Epicure qu'il vous addreſſe, qu'il a trop loüé ſon Philoſophe. Et ſelon ſa couſtume quand il a failly, Il ſe plaint de ce qu'auez fait imprimer ſon Apologie de la vie d'Epicure à ſon inſceu, & ſans ſes ordres, bien qu'aucun ne le croye ; Eſtans ſi grands amys, & en perpetuel commerce de Lettres comme eſtiez durant l'impreſſion. Mais quand il a mal fait dans ſes Liures, c'eſt ſa ruſe d'en faire ainſi porter la Marotte à ſes meilleurs & plus confidens amis : Et vous eſtes vn bon gros cheual de baſt, à ne refuſer aucune charge qui vous ſoit impoſée par ce Tresgrand Homme que vous idolatrez, ſans vous en oſer plaindre, ou luy donner le dementy qu'il meriteroit. C'eſt pourquoy eſtant d'ailleurs d'Eſprit & de mœurs Epicurien, Il vous a jugé tres-digne ſur tous, à qui il dediât ſa Philoſophie d'Epicure, pour vous mettre cy-aprés en reputation.

V.

ENfin nous voicy arriuez à la cinquiefme & derniere Partie; ou vous auez parlé de fcience, pour ne pas encourir le deshonneur d'auoir efcrit deux Lettres contre vn homme de fcience, & fur matiere de fcience, fans faire voir que vous en fçauiez beaucoup. Et non en ces baffes fciences Phyfiques, mais en la plus haute de toutes, qui eft l'Aftrologie.

Boufonnant fottement en votre page 6. fur ma qualité de Profeffeur du Roy aux Mathematiques; vous dites, *Faudroit-il point dire MONSEIGNEVR le Profeffeur du Roy? Et ie croy qu'il feroit bon d'y adioufter tres-digne, à caufe de l'Horofcope ou de la Reuolution du voyage de Sauoye, &c.* Pauure Boufon! Peut-on parler auec plus d'afnerie en fi peu de paroles? Quelle eft la Reuolution ou l'Horofcope du voyage de Sauoye? les voyages ont-ils des Reuolutions? A l'efcole MONSEIGNEVR L'ASNE en Aftrologie, dont ferez mieux de vous taire que d'en parler.

En la page 11. de votre Lettre, fur ce que i'ay dit en ma Refponfe à la Roche fuppofée, *Que mon Aftrologie n'eftoit pas vn habit de friperie, rapieceté de quantité de vieilles & differentes opinions, fans rien refoudre à la mode Pyrrhonienne (comme fe trouuera la Philofophie d'Epicure) mais que c'eftoit vn habit neuf, &c.* vous boufonnez fur ce que l'ay comparé à vn habit.

Mais pauure Boufon que vous eftes, qui n'auez point de penfées au deffus du corps & de la chair: Qui vous a empefché de comprendre, que ie parlois d'vn habit fpirituel & non corporel? Votre difcours ne tend-il pas à boufonner fur les paroles du Fils de DIEV en fainct Mathieu chap. 22. *Amice quomodo huc intrafti non habens veftem nuptialem*, qui ne s'entendent pas d'vn habit pour le corps, mais pour l'ame? voire à boufonner fur mille autres paffages femblables en l'Efcriture? Mais peut-eftre il y a fi longtemps que vous n'auez vû les fainctes Lettres, que vous ne vous en fouuenez plus; Et auez oublié que l'Ame & l'Efprit fe veftent de vertus & de fciences, encor mieux & plus richement que le corps d'eftoffes materielles.

Continuant à boufonner fur l'habit neuf, vous dites *que pour n'eftre point rapieceté, fans doute il eft tout d'vne piece, y comprenant mefmes la garniture.* Mais que vous eftes fou & boufonnez fottement. Appelle-on vn habit neuf, qui comprend le pourpoint, l'haut de chauffes & le manteau, vn habit rapieceté pour eftre de ces trois pieces?

Finalement vous dittes, *Que mon Aftrologie ne fera pas vn habit*

neuf, s'il s'y trouue quelque chose de vieux. Et que par consequent il ne
faut pas que i'y parle ny des 12. maisons, ny des signes du Zodiaque, ny
des Planettes, ny des Aspects, &c. Par ce qu'on me reprocheroit, que ce
sont vieilles pieces derobées.

Or icy vous estes non seulement fou, mais fort ignorant boufon
qui ne sçaués pas que toute science suppose son sujet ou principe
materiel : & ne consiste qu'en principes formels, qui sont Defini-
tions Axiomes & ce qui s'en demonstre. Ie vous demande si le sisteme de Copernic ou d'Aristarque, opposé au vieux sisteme du repos de la Terre estoit vn sisteme nouueau ? Vous ne le pouuez pas
nier : Et neantmoins on y a parlé de Terre, de Ciel, de Planetes,
d'Excentriques & Epicycles, comme au vieux sisteme. Ie vous de-
demande encor, si quelqu'vn trouuoit la vraye science de la Qua-
drature du cercle, seroit-elle pas toute nouuelle ? Ie croy que vous
direz qu'oüy, si vous nestes trop ignorant. Et neanrmoins on y par-
leroit de cercle, diametre, circunference, superficie, &c. qui seroiét
toutes vieilles pieces. N'aués vous pas bien fait icy paroistre votre
science? A l'escole donc pour la troisieme fois MONSEIGNEVR
L'ASNE ; en ce dequoy vous voulez faire leçon à votre Maistre ; Et
apprenez à mieux boufonner si desirez immortaliser votre nom
par la boufonnerie; comme il semble que pretendiez faire par cette
piece authentique, laquelle est la premiere production de votre bel
esprit, que j'aye vû paroistre en public sous le nom de Barancy : laquelle vous n'oseriez confronter à cette mienne Response ; & laquelle vous fait cõdamner de folie par tous ceux qui la voyent sans
preocupation : jusques-là mesmes, que quand ie la veux faire lire
à quelqu'vn, (car ie suis bien ayse qu'on voye cette piece qui est
vn effort de votre esprit & genie) ie ne trouue icy aucun qui ne soit
rebuté en chaque page, & qu'il ne me faille forcer à passer outre;
tant la boufonnerie est sotte & desgoutante ; bien que ce soit votre
chef dœuure pour passer maistre boufon à Lion.

Et puis que me voila au bout de votre Lettre, ie vous declare
que pour les bonnes pieces que ie vous ay donné, & ou vous pouuez beaucoup apprendre; Ne m'ayant jusques icy rendu que des
sottises & boufonneries, ou il ne se trouue rien qui vaille : Des à
present ie romps auec vous le commerce d'escrire, pour enfin suiure selon votre aduis le conseil de mes Amis. Faites votre seconde
3. 4. &c. Parties quand vous voudrez, & y boufonnez tout votre
saoul, sans y espargner mensonges & fourberies à votre ordinaire.
Puis que ie vous ay reduit à ce miserable, ridicule & extreme
poinct, au delà duquel *solum Tibi restat inane,* i'ay plus de pitié
de vous que de peur. Et comme ie n'ay point voulu en hypocrite,
me dire seruiteur d'vn malin & fourbe la Roche, dont vous vous
picquez;

picquez; parce que c'est vous-mesmes auec Neuré; Aussi nè veux-je point icy me dire seruiteur d'vn sol, malin, ignorant, & sot boufon, tel que vous paroissez en toute votre derniere Lettre.

I. B. MORIN.

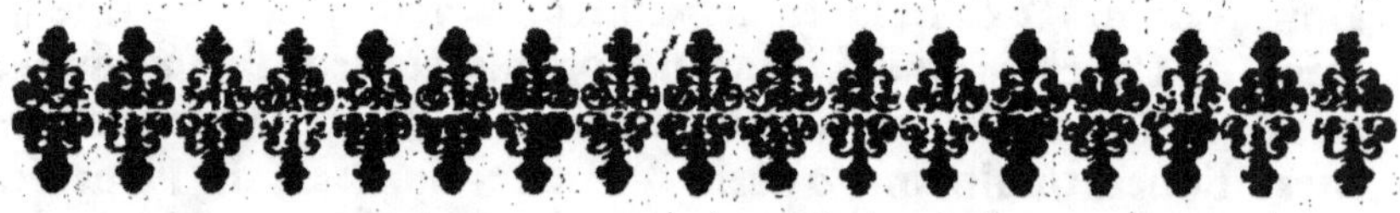

POVR NEVRÉ.

LA Lettre Burlesque de Barancy me fut renduë le troisiéme Nouembre dernier, par le soin de Monsieur L. grand amy de Monsieur Gassend & de ses satellites, & leur Agent en cette Ville contre moy : Mais elle se trouua accompagnée d'vne autre Lettre escrite & signée de la main dudit Sieur L. à Barancy; Par laquelle il loüoit l'inuention, le style, & la naïueté de sa boufonnerie, l'assurant de pareille approbation de plusieurs autres qui en auoient bien ry, & disoient, *Qu'ils seroient bien empeschez de respondre à vne piece pareille contre eux, par laquelle i'estois erigé en ridicule : Et que c'estoit ainsi qu'il falloit traitter vn sou & teste de cruche tel qu'il disoit que i'estois.* De plus, il sollicitoit Barancy de faire mettre au iour sa seconde Partie : Et luy donnoit aduis qu'il alloit faire imprimer la longue Lettre de Monsieur Gassend. Et que d'ailleurs Neuré alloit degorger sa bile sur moy, d'vn air approchant la Preface de l'Apologie de Monsieur Gassend. Et concluoit, *Voila Morin bien accommodé.*

D'abord ie fus vn peu surpris, n'ayant iamais donné sujet à Monsieur L. de me traitter de la sorte ; Mais tout le contraire, comme il sçait bien. Et me doutay que par mesgarde cette Lettre auoit esté enfermée en mesme paquet auec celle de Barancy à moy : Et ne me pûs tenir de rire d'apprendre ainsi l'estat de mes affaires, & les desseins de mes ennemis, dont i'estois en peine. Mais ie ne me pûs aussi retenir de faire vn mot de Response à Monsieur L. telle que sa Lettre meritoit, laquelle ie ne sçay pas s'il la fait voir, mais i'en ay gardé la copie : N'ayant voulu mettre icy son nom, pour ne l'eriger luy-mesme en ridicule ; Et que c'est la premiere faute bien auerée dont i'ay à me plaindre de luy ; qui a parlé

G

comme aueuglé de passion pour Monsieur Gassend & ses satellites.

Ie sus d'ailleurs aduerty que Neuré alloit entreprendre vn grand
trauail sur toutes mes œuures imprimées. Et parce que ses fourberies n'auoient pas bien reussi en langue Françoise dans sa Lettre
de la Roche supposée ; qu'il les coucheroit en Grec & Latin dans
ce trauail, pour estre de meilleure debite. Et parce qu'il est ignorant en Philosophie, Theologie & Mathematique ; qu'il vouloit se
liguer auec deux Mathematiciens plus sçauans que luy. Tous ces
aduis furent cause de me faire retarder l'impression des deux Responses cy-dessus : Car ie voulois tout voir ce que feroient mes ennemis : Mais apres auoir assez long-temps attendu, sans voir paroistre rien de nouueau, ie les ay publié, pour faire voir à tous ces
gens que ie ne les crains point : qu'ils auront tousiours plus de peine d'escrire contre moy des sottises & des bourdes, que moy à
leur respondre choses bonnes & bien receuës ; & pour en fin me
deliurer l'esprit d'vne si chetiue guerre, ou mesme ie voy pour moy
si peu d'honneur à les vaincre. Et ne me soucie point de ce que d'ailleurs on ma dit que Monsieur L. fait imprimer la longue Lettre de
M. Gassend à Lyon, & y adiouste retranche & change plusieurs
choses. Car i'ay l'original, & suis bien assuré qu'auec tous leurs efforts ils ne feront rien qui vaille.

Or il faut remarquer, qu'ayant vû en lumiere la Preface sur
l'Apologie de Monsieur Gassend, ou Neuré l'imposteur fait vomir
contre moy 8. pages d'injures infames par defunct Monsieur le
Prieur de la Valette, le plus vertueux, le plus sage, & le plus dis-
cret des hommes, & le meilleur de mes amis depuis plus de qua-
rante ans : Et les luy fait vomir apres sa mort arriuée en son âge de
quatre-vingts ans ; cinq ou six mois auant laquelle i'auois receu
de luy en mon voyage de Prouence l'an 1646. ensemble de Monsieur le Conseiller Gautier son Neueu, toute sorte d'honneur, de
ciuilité & demonstration d'amitié : Ce fut vn bon tour de Prudence à moy, d'escrire ma premiere Lettre à Monsieur le Conseiller
Gautier ; luy remonstrer combien injurieuse estoit telle Preface à
la memoire de feu Monsieur son Oncle : Et que ie ne me pouuois
persuader qu'apres nostre entreveuë par luy si desirée, & la bonne
chere, les caresses, & l'honneur que i'auois receu d'eux en
telle rencontre, il eut proferé telles paroles contre moy, &
indignes de luy, peu apres mon depart de Prouence. Car telle Lettre donna vne furieuse alarme à Barancy & Neuré ; mais beaucoup
plus à Neuré, voyans que ie prenois la droitte voye de descouurir
toute leur fourberie & imposture.

C'est pourquoy afin d'y remedier, pensans me jetter la pouf-
siere aux yeux, & me faire quitter mon entreprise: Ils firent encor
vne autre plus grande imposture & fausseté: supposans vn nommé
la Roche, se disant Amy de Monsieur le Conseiller Gautier, &
respondant à ma Lettre comme de sa part. En laquelle Lettre le
fourbe Neuré (qui à ce que ie croy en a esté le principal ouurier)
n'oublie pas à bien plaider sa cause, & se vouloir faire auoüer &
justifier par Monsieur le Conseiller Gautier mesme; Voyez l'impudence de l'homme, à mettre telle imposture en lumiere! Or
afin qu'elle paroisse mieux, voicy quelques principaux lieux ex-
traicts de la Response de la Roche supposée.

La Roche donc (c'est à dire Neuré) me parle ainsi de la
part de Monsieur le Conseiller Gautier: *Vous voudriez sans doute
vn desaueu de Monsieur Gautier, des raisons que Monsieur de Neuré (Seigneurie imaginaire) fait dire à Monsieur le Prieur de la
Valette son Oncle, dans la Lettre qu'il escriuit à Monsieur de Barancy (Seigneurie semblable) prés d'vn an auant le deceds du
bon-homme, & incontinent apres votre voyage de Prouence, &c.* Où
il confesse que les infamies qu'il fait dire contre moy à Monsieur
le Prieur de la Valette, sont incontinent apres mon depart de Prouence.

Et plus bas il poursuit: *Mais quelle apparence? Car encor que
la memoire manquat à Monsieur Gautier, (qui a plus de memoire
que Neuré n'a de jugement) & qu'il ne se souuint plus de cette histoire; Il ne peut pourtant pas desaduoüer apres la mort de son Oncle
ce qu'il luy a possible entendu dire trente fois durant sa vie. Il sçait quel
mespris il faisoit de toutes vos panchartes, & auec combien d'indignation il parloit de votre doctrine, laquelle il protestoit n'estre pleine que
d'erreurs, de visions & de foiblesses. I'en prens DIEV à tesmoin
(ô l'impie!) deuant qui ceste bien-heureuse ame repose maintenant.
Et cela estant, que pouuez-vous attendre de Monsieur Gautier? Quelque compliment, par lequel il vous protestera qu'il a tres-grand deplai-
sir qu'on vous afflige de la sorte, en vous rapportant de si fascheux sentimens de Monsieur son Oncle; lesquels il n'auroit pourtant pas raison de vouloir dementir. Il sçait que Monsieur de Neuré est trop homme d'honneur (he le fourbe!) pour rien auancer contre la verité: Et
que le bon homme l'estimoit & cherissoit trop cordialemens, pour luy
auoir iamais rien celé de ses pensées, &c.*

Et plus bas; *On peut donc bien se rapporter à luy des sentimens
de ce bon homme, n'y ayant personne à qui il les ay pu confier plus
franchement. Ce que Monsieur Gautier sçachant tres-bien, il n'est pas
croyable qu'il le voulust desdire de quoy que ce soit: sur tout dans vn*

'affaire où il n'a aucun intereſt particulier ; & dans vne relation ſi
modeſte, ſi judicieuſe, & ſi conforme aux opinions du bon Prieur, &c.

Ie vous demande ſi mon Impoſteur n'a pas bien plaidé cy-deſſus
pour gaigner ſa cauſe deuant les ignorans? iuſques là meſme que
de lier les mains à Monſieur le Conſeiller Gautier, & le deſlier de
le démentir ou de le deſdire de quoy que ce ſoit? Mais voyons vn
peu le reuers de la Medaille.

Il y a long-temps que ie me ſuis pleu à cette deuiſe. *Magna eſt
veritas & præualet. Eſdra lib. 4. cap. 3.* Et toute ma vie i'ay eſté ſi
amoureux de la verité : que pour recompenſe elle ma toûjours deli-
uré des ignorances, fourberies & impoſtures, de tous ceux qui m'ont
attaqué mal à propos, & m'ont voulu ruyner d'honneur. I'ay toûjours eu ferme croyance qu'encor que Monſieur le Conſeiller Gautier fut intime Amy de M. Gaſſend ſon compatriote, & encor Amy
de Neuré & Barancy ſes ſatellites & agents : Neantmoins ſa vertu
probité & generoſité que i'ay recognu en luy dez ſon bas âge le
porteroient à ſe declarer en cet affaire pour la verité & la juſtice
contre qui que ce ſoit. Et pleut à D i e v que tous les gens de juſtice
luy reſſemblaſſent en cela : Car ie n'ay point eſté deceu en ma creance.

Ayant donc attendu ſa reſponſe à ma Lettre aſſés long-temps à
cauſe des troubles de la Prouence : Et Monſieur le Baron de Tour-
ues ſeigneur Prouençal, tres-vertueux & amateur des bonnes Lettres, indigné contre l'injuſte rupture de la recóciliation qu'il auoit
pris la peine de faire entre M. Gaſſend & moy : ayant encor par ſes
Lettres prié Monſieur le Conſeiller Gautier, de faire reſponſe à la
mienne. Il me fit en fin l'honneur de m'eſcrire le 5. Octobre 1649.
touchant la Lettre du ſuppoſé la Roche, Et la Preface de Neuré.
Pour le premier poinct, voicy ce qu'il m'eſcrit.

MONSIEVR,

*Ie viens tout maintenant de receuoir deux des voſtres tout à la fois:
L'vne imprimée du 23. Iuin paſſé, & l'autre eſcrite par vous du 22. du
mois de Septembre. Les troubles ſuruenus en cette Prouince qui ont in-
terrompu le cours de quelques Ordinaires, ont aſſeurement empeſché que
la premiere n'eſt point paruenuë juſques à moy. D'où ce voit que cette Lettre que vous me marquez d'vn nommé la Roche, vous auoir eſcrit cóme de
mon ordre, dattée de cette ville du 6 du mois de Iuillet paſſé, auquel temps
j'en eſtois abſent ; Eſt vne pure ſuppoſition. Ie choris trop le ſouuenir & les
Lettres des perſonnes de votre merite & vertu pour en commettre la Reſ-
ponce à autre qu'à moy. Ie vous ſupplie me faire la faueur de m'en en-*

uoyer vne copie (ce que j'ay fait du depuis) afin que j'aye le moyen de vous en donner de plus grands esclaircissemens, &c.

Quant au second point, voicy ce qu'il dit. *Pour ce que vous vous plaignez contre le sieur de Neuré, de ce quil a introduis dans la Preface qu'il a fait à l'Apologie de M. Gassend, feu Monsieur le Prieur de la Valette mon Oncle, vomissant beaucoup d'injures & medisances contre vous: Vous en auez grand sujet. Car outre que l'humeur de mondit Oncle n'estoit portée à mesdire d'aucun, non pas mesme de ceux qu'il n'estimois pas: Ie luy ay toûjours ouy faire vn grand cas de votre sçauoir & de votre suffisance. Et ne luy ay jamais ouy parler de vous, qu'auec grand honneur & grand respect, comme d'vne personne qu'il cherissoit & honoroit beaucoup. Et pour ce qui est de ses opinions & sentimens, il n'a jamais condamné aucun de ceux qui en auoient de contraires aux siens; ou seroit qu'il y eut des demonstrations si certaines qu'on ne peut pas croire autrement, mais aux choses douteuses il deferoit grandement aux sentimens d'autruy pour ne les tancer jamais, pour peu qu'ils frssens appuyez de raison, &c.*

Ne voila pas tout ce que j'ay dit de feu Monsieur le Prieur de la Valette mon ancien amy, & de Monsieur le Conseiller Gautier son Neueu, bien verifiée? Ne voila pas les deux satellites de Saturne bien sots; Et sur tout Neuré, qui effrontement à defié Monsieur le Conseiller Gautier de le desmentir & le desdire de quoy que ce soit? Ne voila pas leur malice noire contre moy & leurs fourberies & impostures bien descouuertes? Car qui est l'homme de bon sens qui ne croye plûtost à vn Conseiller au Parlement; & de telle vertu probité & reputation qu'est Monsieur Gautier (qui eust bien dit autre chose s'il eut vû la Preface de Neuré & la Lettre de la Roche auant que de m'escrire) qu'à vn Pedant imposteur, & à vn sot boufon fugitif de son pays, tels que nous auons fait voir Neuré & Barancy cy-dessus qui par leur folie *in Melanpygum inciderunt?* Et partant que tous deux s'en aillent honteusement cacher, sans plus oser s'attaquer à moy qui les fay cognoistre pour ce qu'ils sont; afin qu'ils ne puissent plus tromper le monde: sans me soucier de la bile jaune, vitelline, verte, erugineuse, porrassée, & noire de Neuré; à qui la response de Monsieur le Conseiller Gautier, seruira d'Ellebore ou Antimoine vomitif, pour la mieux degorger s'il entre en phrenaisie: & à moy d'excellent sauon pour lauer les taches dont il a malignement voulu flestrir mon honneur.

On ma dit qu'il est party de cette ville depuis peu de iours, pour aller en Prouence au seruice d'vn Grand. En quelque part qu'il aille, qu'on se donne garde de luy: Car il est non seulement malin, fourbe & imposteur à vingt cinq Karats, cóme j'ay fait voir cy-dessus: Mais ceux qui le cognoiſſent plus particulierement aſſeurent que c'eſt vn eſprit brouillon, ſuperbe, arrogant, qui veut faire le maiſtre ſur tous: qui n'a ny jugement ny prudence pour les affaires du Monde, & qui fera forces ennemis & querelles ou il ſera; ainſi qu'il paroit par ſa Preface ſur l'Apologie de Monſieur Gaſſend, par laquelle ſeule il a excité toute cette Tempeſte qui luy tombera deſſus. Car ie ne doute point qu'il ne ſoit mal-mené de Monſieur le Conſeiller Gautier, de Monſieur Gaſſend, & meſmes de Barancy ſon compagnon. Auſſi ſa conſcience le bourrelant à ſon depart, la fait ſortir de Paris demy enragé, ſans dire Adieu à perſonne de ſes amis, ny meſmes à ſes diſciples chés leſquels il logeoit; ſçachant bien qu'il alloit voir ceux qui ont plus de ſujet de l'hayr que de l'aymer. C'eſt pourquoy j'eſpere que bien toſt on obſeruera notre Saturne ſans ſes deux ſatellites comme j'ay autrefois obſerué le Saturne celeſte, qui ſelon Galilée auoit deuoré ſes enfans: Et pour me vaincre, ce ſyſteme de trois tout à la fois contre moy ſeul, eſt encore trop foible; quelque effort que puiſſe faire le MAXIMVS GASSENDVS, contre vn tel Pigmée que ie ſuis.

Multiplicati ſunt ſuper me qui oderunt me iniquè. Pſalm. 17.

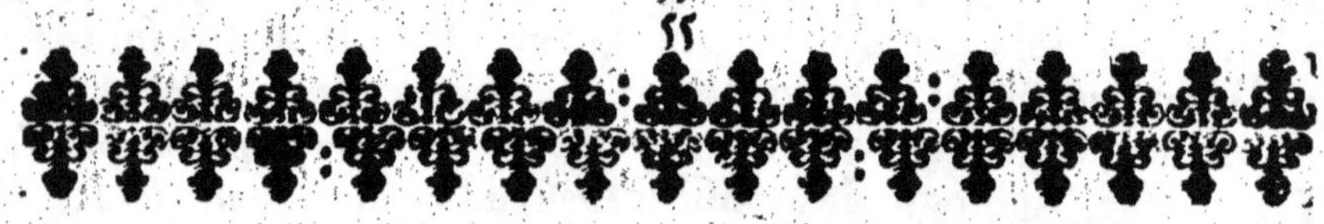

LETTRE
DE G. M.
ADVOCAT AV PARLEMENT
de Paris.

A

Monſieur **MORIN**, Docteur en Medecine,
& Profeſſeur du Roy aux Mathematiques à Paris.

*Touchant la Satyre d'vn nommé FRANCOIS
DE BARANCY; ſe diſant Docteur ès Droicts,
& Aduocat en Parlement.*

MONSIEVR,

Vovs deſirés ſçauoir mon ſentiment d'vne piece qui
court dans Paris, & qui a eſté faite contre vous, & vous voulés l'a-
uoir par eſcrit, comme ſi j'eſtois capable de juger & d'eſcrire; & ſi
j'oſois m'haſarder en vn temps ou il eſt trop dangereux de faire l'vn
ou l'autre, car n'eſt-il pas veritable que vous n'auez eſté tourmenté
que pour auoir tres bien jugé, & tres bien eſcrit? que l'on vous trauaille encore, à cauſe que nos ouurages font honte aux Autheurs anciens, & deſeſperent les Modernes? & que vous ſoufrés perſecution
pour auoir bien merité de la republique des Lettres & de la bonne
Philoſophie? & qu'apres vn exemple ſi cruel & ſi honteux à notre
ſiecle, ie ſuis bien fondé d'heſiter? Et ie dois craindre qu'eſtant attaqué par pluſieurs ennemis comme vous l'eſtes, n'ayant ny vos
talens ny vos forces, ie ſuccombe à leurs efforts, & ne puiſſe pas me
defendre.

Mais (Monſieur) quand ie paſſerois pas deſſus toute conſideration, & quand j'aurois les qualités neceſſaires pour m'acquiter di-

gnement de ce que vous attendez de moy, il me faudroit sortir au-
parauant de l'estonnement qui lie ma raison, & qui suspend toutes
les fonctions de mon esprit; Car qui ne s'estonneroit de tant d'ai-
greur contre votre personne, & de tant de venin respandu sur votre
reputation, par ce que vous auez rompu les aisles de la Terre, que
vous auez connu ses regions, que vous auez fait de nouuelles descouuertes dans l'Astronomie, que vous auez trouué le secret des Longitudes, & que le premier vous auez reduit l'Astrologie en forme
de science. Car en effet vous estes le premier qui auez descouuert
comment & par qu'elles vertus les corps celestes agissent icy bas;
Et fait voir en cecy l'ignorance des anciens jusques à notre temps.
Vous estes le premier qui auez discerné comme il falloit, les causes
celestes vniuerselles d'auec les particulieres: & monstré comme les
vnes & les autres agissent selon ce qu'elles sont. Vous estes le premier qui auez recognu comment les corps celestes se determinent
entre eux, & sont determinez au respect des choses sublunaires; &
côme ils agissêt selon leurs determinatiôs: qui est le plus grâd secret
de toute l'Astrologie, & votre principale inuention. Vous estes le
premier qui auez descouuert les vrayes raisons de la cabale des 12.
maisons celestes. Vous estes le premier qui auez descouuert la vraye
correction des aspects des Planetes, & en auez fait voir de tresbel-
les preuues. Vous estes le premier qui auez recognu & fait voir par
experience que les Reuolutions des Natiuitez se deuoient dresser
pour le lieu ou se trouue la personne au commencement de sa Reuolution, aucun ne l'ayant pratiqué deuant vous. Toutes lesquelles
choses, les esprits curieux & plus subtils ont recognu dans les jugemens par vous faits sur les Natiuitez & Reuolutions, qui leur sont
tombez entre les mains: Pieces ou il y a plus à apprendre, qu'en
tous les Liures d'Astrologie imprimez jusques à present: ou les ont
recueilly des paroles qui vous sont eschapées parlant de cette haute
science auec vos amys qui s'y entendent. De toutes lesquelles choses
si quelqu'autre qui l'auroit appris de vos jugemens ou paroles, s'en
vouloit dire le premier autheur ou inuenteur: Il seroit facile à prouuer que non; en ce qu'il n'en sçauroit dire les vrais fondemens ou
vrayes causes qui se trouueront en vôtre ASTROLOGIA GAL-
LICA; auec 1000. autres choses tres belles & incognuës deuant vous;
qui nous auez leué le voile qui cachoit les miracles de la nature, &
qui auez penetré dans les plus espaisses tenebres dont ils estoient
enuelopés.

Qui ne s'estonneroit donc que des Philosophes, & des gens que leur
nom auertit d'aymer la sagesse, & d'en faire profession soient si peu
sages, & si inconsiderés que de se despouiller de la grauité qui doit

estre

estre leur marque & leur caractere, pour se trauestir en boufons &
en saltinbanques, pour se produire le visage enfariné, & pour affe-
&er de resiouir le monde par de mauuaises plaisanteries, & de miserables quolibets, contre vne personne de votre merite? Qui n'ad-
mireroit, que ceux qui doiuent auoir vne noblesse d'esprit toute celeste, qui doiuent toûjours agir en Heros, & chercher des monstres
pour les deffaire, se forment des fantosmes & les courent, se figurent
des chimeres & les combatent, & soient assés impudens pour im-
poser aux plus habiles; afin d'auoir pretexte de discourir en l'air, &
de crier apres leurs folles productions & leurs grotesques? Cependant (Monsieur) mon admiration n'est pas la fille de l'ignorance,
comme l'on a dit autrefois de celle de certaines personnes, c'est vn
effet de la lecture que vous aués voulu que ie fisse : Elle ne vient pas
d'vne opinion fausse & mal fondée, elle procede de la conoissance
des puerilitez de vos aduersaires; qui se persuadent que vous ayant
dit beaucoup d'injures, vous voila ruiné d'estime; qu'ayant raillé
de mauuaise grace, ils auront des aplaudissemens; & qu'ayant pro-
testé contre vos ouurages, cela suffit pour les decrediter, & les faire
tomber dans le mespris.

D'ailleurs il est encore assés estrange, qu'ils se mettent trois sur
vous, qu'ils veuillent vous prendre à leur auantage, qu'ils vous attaquent par tant d'endroits ; & qu'à cause qu'ils ont oüy dire
qu'Hercules n'eust pas resisté à deux, ils entreprennent ainsi de vous
mettre en pieces. Tout cela ensemble ne m'a pas donc causé, & ne
m'a pas deu causer vn mediocre estonnement : Et ie vous confesse
que j'aurois besoin de temps pour reuenir & pour juger ; si l'amitié
que ie vous porte ne m'auoit fait faire vn effort sur moy, & prendre
la Satyre, la voir plus d'vne fois & l'examiner auec soin.

Mais puis que vous auez resolu que i'en juge, ie vous diray (Monsieur) que ie la trouue toute mauuaise, qu'elle est sotte & ridicule
en toutes ses parties, qu'on ne sçait la plus part du temps ce que l'Autheur veut dire, qu'il vous blasme de ce qui merite de la loüange,
qu'il vous en fait accroire afin d'auoir matiere d'exercer sa belle humeur, & qu'il n'est iamais moins plaisant que quand il à dessein de
l'estre. Or ce qui m'a plus surpris dans le procedé de cet honneste
homme, c'est qu'il pretend vn grand auantage sur vous de son Eloquence, & de son bien dire; & il ne s'aperçoit pas qu'il parle plus
mal qu'vn enfant, & qu'alleguant les Remarques sur la langue Françoise, il peche en mille endroicts contre les maximes & les preceptes qui sont dans ce Liure. Voyez les qualités qu'il prend de *Docteur
és Droicts*, *& d'Aduocat en Parlement*. Cela ne s'appelle-t'il point
comme il vous reproche, broncher dés le premier pas, ou pour mieux

dire, s'expofer d'abord à la rifée du Lecteur, qui fçait que les Remarques condamnent cette façon de parler ? C'eſt pourtant peu de choſe à comparaifon de ce qui fuit ; quoy qu'à vray dire, ce ſoit beaucoup à vn Aduocat qui eſt du meſtier de parler, de n'eſtre pas correct en cette rencontre. Il bronche encore au fecond, au troifieme, & au quatrieme, & prefque par toutes les periodes de fa Lettre, fi l'on doit nommer periodes vn amas confus de paroles, & vne multitude de mots comme tombez fortuitement fur le papier. Car qui oüit iamais dire aux honneftes gens dans Paris & dans la Cour, *que vous m'attaquiés fi fouuent comme vous faites : I'ay procuré l'impreffion d'vn Liure, non point pour aucun deffein que j'aye eu de vous choquer : I'ay fouffert vos mauuaifes humeurs : C'eſt que ie vous fuplie Monfieur, en cas que vous trouuiez mon ftyle trop defobligeant : par vne perfonne à luy incogneüe : efchaper dans les paroles outragenfes : exceder les bornes d'vne jufte Lettre.* Et en voila affés en vne page & demie pour vn beau parleur, pour vn Aduocat qui fe meffe d'efblouïr les yeux des Iuges, & de captiuer leurs volontez par fon eloquence : Vn bel efprit qui regne dans vne grande ville, dans tous les Cabarets de Lyon, qui lit les Remarques fur la lägue Françoife; qui reprend tout ce qui n'eſt pas conforme à ce qu'il a veu eftably dans ce Liure, & qui vous condamne auec hardieffe, par ce que vous ne vous feruez pas des phrafes ny des mots receus dans fon Empire, & que vous ne l'auez pas appellé Docteur ès Droicts, & Aduocat en Parlement.

Et qu'il ne penfe pas efchaper en foutenant que le ftyle burlefque, le fatyrique, & le comique admettent les expreffions qui ne font pas du bel vfage, comme il eſt dit dans la preface des Remarques. Car il fe voit clairement qu'il parle de fens froid au commencement de fa Lettre; qu'il n'eſt pas moins ferieux que feroit vn Prince ftoïque; qu'il ne s'eſt pas encore enfariné ; qu'il n'a pas mis fa ceinture fur fes cuiffes; & qu'il n'a pas fon coufteau de bois. Mais, (Monfieur) par ce que ce n'eſt pas vn grand defaut que de parler mal, lors qu'on fait bien, & que ce n'eſt point fur cette efcorce qu'il faut juger des ouurages de l'efprit, que les anciens ont eftimée fi peu, que Menandre lors qu'on luy demanda fi fon difcours eſtoit preſt ? refpondit oüy, il n'y a plus que les paroles à mettre; Ie laiſſe là les phrafes nouuelles & toutes charmantes de Monfieur l'Aduocat, & fes riches & delicates expreffions, pour examiner fon raifonnement : Où il bronche auffi des le premier pas (pour me feruir encore vn coup de ces beaux termes) & il fe difloque tellement à fon grand malheur, qu'il ne dit rien que de mauuais, & ne monſtre que des playes par tout le corps de fon difcours, fi nous pouuös appeller corps, ce qui n'a ny parties ny membres qui soient ioincts, & ce qui pour en parler veritablement, est vne extrauagante chimere, ou le dessein imparfait d'vne satyre la plus fade & la plus froide qui fut jamais.

Voyez ie vous prie la belle vanité qu'il vous obiecte! Que vous dites dans la résponse à la Lettre de la Roche, *que vous n'auez pas suiuy le sentimens & les conseils de vos amis, qui n'estoient pas d'auis que vous escriuissiés en cette rencontre.* Qu'elle aparance qu'vn homme soit estimé vain par ce qu'il n'est pas de l'opinion d'autruy? Les gens doctes de vos amis n'ont pas trouué à propos que vous perdissiés des paroles à refuter vn mauuais libelle, que vous combatissiez des niaiseries, & que vous consumassiez le temps toûjours precieux aux sçauans & aux habiles, à parer & à vous mettre à couuert des traits qui n'arriuent pas d'ordinaire jusques à vous: Et c'est vanité que de ne les pas croire? c'est vanité que de repousser l'injure? que de faire voir l'injuste persecution qu'on vous fait? Mais des gens doctes ne vous l'ont pas conseillé? Ils n'ont garde de le conseiller pour la plus part, ils se moquent des mastins qui aboyent sans pouuoir mordre: Ils mesprisent les hurlemens des chiens de Scylle, qui ne sont pas pourtant toufiours à mespriser; quoy que nous soyons assurez qu'ils ne fracasseront pas notre vaisseau: Par ce qu'il faut auoir soin de la reputation que nous deuons au prochain pour l'edifier, & qu'il nous faut empescher le scandale autant qu'il est possible, qui blesse toufiours les ames tendres & delicates. Il n'est pas croyable que les sages estiment iamais, que les fous puissent les noircir & les deshonorer, mais vous auez pensé que les simples en grand nombre sont pour estre seduits, & que leur tirant le voile de deuant les yeux, ils verroient le venin & la passion de vos aduersaires, & par consequent leur bonte & leur infamie. Il n'y a donc pas là de vanité en bonne justice, & deuant des Iuges equitables, & il y a dequoy s'estonner qu'vn Docteur és Droicts, & vn Aduocat en Parlement, ne le connoisse pas.

Et il y en a encore aussi peu en ce qu'il vous reproche incontinent apres; Que vous commencez votre science des Longitudes reduitte en pratique par ces paroles, *Ayant inuenté la tant desirée science des Longitudes en toute perfection geometrique, & icelle publiée l'an 1634. auec aprobation des plus grands Astronomes de l'Europe, &c.* Vanité. S'il est veritable (comme personne n'en peut douter raisonnablement) que vous ayez trouué ce grand secret des Longitudes, est-ce estre vain que de le dire? faudroit-il laisser perir vn remede excellent qui pourroit sauuer la vie à vne infinité de personnes, de peur d'estre accusé de vanité, par ce qu'on l'auroit donné au public?

Cela s'apelle que l'injustice est mauuaise, & que l'injuste ne voit goute : ou bien qu'ayant comme vne iauniſſe dans les yeux, il voit les obiects d'autre couleur qu'ils ne ſont. Mais voicy vne eſtrange vanité, vous dites au commencement de votre reſponſe, au Pere Duliris, *il m'eſt bien faſcheux d'eſtre tant de fois diſtrait d'vn ouurage auquel ie trauaille depuis trente ans, touſiours attendu & demandé des plus ſçauans de l'Europe, que ie faiſois eſtat d'acheuer cette année.* Et il appelle cela vanterie, qui eſt vn mot tout d'or, à vn Aduocat diſert & eloquent. Ie puis teſmoigner auſſi-bien que force hôneſtes gens, que vous dites vray, quand vous eſcriuez que voſtre ouurage eſt deſiré des plus ſçauans de l'Europe : Car i'en ſçay qui paſſent pour tels, qui le demandent & qui l'attendent auec impatience ; ſi bien que vanterie n'eſt pas là ou ſon aſſiete naturelle ; quand meſme le mot ſeroit reçeu dans ſon beau langage, & vous exprimez vne verité que vos ennemis ne ſçauent que trop, & qui ſans doute les met en fureur & leur oſte toute leur raiſon.

Il ſuit votre feuille Latine imprimée contre M. Bulliau, laquelle cômence ainſi, Mirabitur vniuerſa poſteritas, *vanité* (dit-il) *la poſterité ſe ſouciera bien de vous.* Mais comment ne ſe ſoucieroit-elle pas de vous, ſi vous auez donné lieu à la belle Apologie qui doit eſtre ſes delices, & que vous eſtes la cauſe que *Maximus* a enfanté des productions qui l'inſtruiront continuellement ; & qu'vn grand Aduocat luy a laiſſé dequoy la reſiouïr, & luy a conſacré des beufonneries ſi fines & ſi delicates, que perſonne ne l'accuſera jamais de les auoir derobées dans Lucien, ny meſme d'auoir leu Quintilien, où il donne des preceptes pour rire & pour piquer le prochain de bonne grace ? Cependant, Monſieur, nous voicy arriuez au lieu où il eſt traitté de la plus grande de vos vanitez, & ie vous confeſſe que ie crains extremement d'entamer cette matiere, m'imaginant qu'il n'eſt pas poſſible de vous deffendre deuât les modeſtes, & ceux qui ſont profeſſion de la ſeuere Philoſophie, comme *Maximus, Nenrami, Barancius,* car vous dites au commencement de votre Traité qui porte pour titre Alæ Telluris fractæ. *Poſt ſolutionê meam famoſi problematis de Telluris motu & quiete, reſponſionem ad Apologiam I. Landſpergij noſtrumque Thyconem Brabæum aduerſus Philolaum rediuiuum, arbitrabar neminem ſanæ mêtis fore deinceps, qui Terræ quietem in dubium reuocare abſurdamque de eius motu opinionem defendere, vel quouis modo fulcire præſumeret.* Et votre braue Cenſeur s'eſcrie à ces paroles, *Quelle vanité, quelle ſottiſe ? mais peut-eſtre que vous ne la voyez pas. Que direz vous d'vn homme, &c.* Il pretend donc de trouuer vne groſſe ſottiſe, & il la trouue certes, puis qu'il l'enonce, mais non pas dans vos paroles, qui ſont telles que vous deuiez les proferer en cette occasion. Car n'auez vous pas preuué la stabilité de la Terre, par vne demonstration acheuée en toutes ses parties? vous auez monstré qu'elle est au centre du monde , *ponde-ribus librata suis*, vous auez fait voir clairement qu'elle ne peut estre ailleurs sans renuerser les principes de la bonne Philosophie naturelle , & destruire ce qui a esté posé & establly par les plus celebres Philosophes de l'antiquité. Et n'auez vous pas suiet de trouuer estrange que de grands Astronomes & d'excellens Mathematiciens n'acquiescent pas à vne demonstration claire & euidente , & qu'ils soient assez amoureux de leurs opinions, pour reietter ce qui les conuainc , & ce qui les fera passer tousiours pour opiniastres deuant des Iuges intelligens, & non passionnez ? Mais n'est-il pas fort à propos à Monsieur l'Aduocat de se faire vn fantosme pour le combatre , & de forger vne belle periode , afin d'auoir occasion de s'escrier , *sont ce-la les paroles d'vn homme bien sensé?*

Car prend il ses Lecteurs qui donneront dans son piege grossier pour bien sensez, s'ils ne se moquent point de luy, & de sa subtilité; & si quand ils conoistront que la solution du fameux probleme est fondée en demonstration , ils ne le condamment pas de la berne, pour auoir eu l'impudence d'interpreter sottement vos paroles, & de soustenir que vous auez voulu dire? *Certes ie pensois apres auoir es-crit trois fois contre cette opinion, que desormais il ne se trouueroit plus personne, si ce n'estoit quelque esprit malade qui eust la presumption de reuoquer en doute ce que i'ay determiné , & defendre le contraire , & mesme l'appuyer en quelque façon que ce fust.* Ciceron à dit quelque part que les habiles Matematiciens contraignent à croire par leurs certaines & indubitables demonstrations; & ce grand homme a recognu que la raison humaine quelque rebelle qu'elle puisse estre, se laissoit tousiours forcer par des preuues claires , euidentes , & palpables: Mais(Monsieur)si les Esprits tenebreux des ignorans se rendent & se doiuent rendre selon Ciceron , combien plustost ceux des sçauans le doiuent-ils faire, qui sont esclairez des belles lumieres des sciences? Et y a-t'il tant dequoy crier si vous vous plaignez que de grands Astronomes ne veuillent point souscrire à ce qu'ils conoissent , ne veuillent point auoüer ce qu'ils voyent , & resistent si opiniatrément à la verité ? Neantmoins l'on vous chicane là dessus, on vous poursuit, on vous fait vn gros procés; & ie m'en estonnerois d'auantage si vous n'auiés afaire à vn homme de chicane, à vn Aduocat qui vous entreprend pour se donner de la reputation, & faire dire dans le monde qu'il a luté auec vn habile homme; Il ne peut soufrir *Solutio famosi problematis*, & il s'amuse à debiter des bagatelles & des niaiseries là-dessus; au lieu de monstrer que cette solu-

tion qui luy fait tant de peine eſt fauſſe. Il falloit commencer par
là, mais il ne va pas ſi auant, il ne paſſe point la farce, & quand il
vous a appellé, malotru & morgant, qui ſont deux beaux mots, &
fort fleuris, il croit auoir le mieux rencontré du monde, & quil va
faire rire les gens iuſques aux larmes. Et ſans doute, il paruient à
ſon but, car il n'eſt pas poſſible de s'empeſcher de rire, qu'vn homme auquel il reſte quelque bluëte de ſens commun, ſe figure d'eſtre
fort plaiſant lors qu'il n'eſt que ridicule. Il finit cet endroit de ſa
Lettre, où il penſe auoir ſi bien reüſſy par ces paroles, apres auoir
dit l'*Epiſtre dedicatoire ? ie ſerois trop long & ennuieux,* (il n'a oſé mettre trop ennuyeux) *ſi ie voulois examiner tous vos autres commen-
cemens, pourtans ſi ceux icy.* Voila deux fautes en quatre mots, *ne
prennent pas aſſez ce que i'ay auancé, ie vous en donneray d'autres
ſans grande peine.* Il ne ſe ſouuient pas qu'on mange l'E en grand
peine, & vn Aduocat en Parlement qui parle ſi bien, & qui ne ſort
jamais du bel vſage, n'a-t'il pas raiſon de faire vn procés à vn homme qui ſe contente & s'eſt contenté toute ſa vie de s'expliquer en ſa
langue, & qui s'eſtant deuoüé aux ſciences qu'on a touſiours trait-
tées & qu'on traitte encore auiourd'huy par tout en Latin, ne s'eſt
pas addonné à la delicateſſe du François que les gens de la Cour,
les Aduocats, & les Predicateurs doiuent poſſeder, & qu'ils ne
ſçauroient ignorer ſans blaſme, & ſans vne grande honte ?

*Trop offenſé ; par trop iniquement ; par trop parlé ; trop de loix ;
trop d'intelligence ; tout cela en trois lignes n'eſt-ce pas trop,* dit notre
pauure Cenſeur ? Il ne ſe ſouuient pas ſans doute de ce qu'il a leu
dans les Remarques, que la naïueté eſt vn des grands ornemens de
notre langue, & partant que le trop parlé n'eſt pas à reprendre, ny
le trop de loix, ny le trop d'intelligence, qui ſont en leur aſſiete naturelle ; & qu'il falloit neceſſairement repeter, & il ignore peut-
eſtre qu'vn mot mis pluſieurs fois dans vne periode, fait figure en
beaucoup de rencontres ; & que les maiſtres de l'art tant anciens
que modernes ont aſſez ſouuent affecté de s'en ſeruir. Mais cet homme ne ceſſe iamais de vous picoter ſur votre François, auec la grace
& le ſuccés que vous pouuez imaginer, eſtant ſi fin, & ſi ſçauant en
François, il fait le braue là-deſſus, & il s'ecrie ſur certains mots,
voila de beaux termes ; ſur d'autres, *voila vne iolie conſtruction,* &
cependant nous en pourrions dire autant, ſans faire crier perſonne
contre nous De, *il s'agiſſoit d'vn probleme controuerſé depuis* 2220.
ans. Voila vn beau mot, & nouueau: De, *On en diſputoit auec autant
d'animoſité comme ſi c'euſt eſté ;* La iolie conſtruction ! Si bien, Monſieur que ie ne me puis laſſer de trouuer eſträge, qu'vn Docteur qui
eſt Aduocat donne ſi ſouuent dans le piege qu'il vous a tendu, &

soit si peu instruit de nos façons Françoises de parler, apres auoir
feuilleté les Remarques sur la Langue Françoise.

Mais il ne me semble pas plus fin en ses subtilitez. Et en voicy
vne qui le charme que ie n'ay pas iugé qui le deust charmer. Vous
dites dans votre response à la Lettre de la Roche, qu'il n'y a aucune periode dans cette Lettre qui ne soit ou ignorance ou mensonge, ou imposture, ou fourberie, & il vous interroge à ce propos,
& vous dit, *Estes vous pas Catholique ou Chrestien? Il y a dedans pres-
que vne Bulle entiere de Sixte quint* (c'est ainsi qu'il faut parler selon
les Remarques) *& vous voulez que les saincts Decrets de Nostre Sainct
Pere, soient, ou ignorance,* &c. Voila certes, vne belle subtilité,
Nous aurions aussi bonne grace de l'aduertir qu'il se donne garde
des foudres de Rome, apres s'estre seruy d'vne Bulle, & des paroles du S. Pere pour authoriser ses mesdisances, & pour respandre
son venin; que l'vsurpation qu'il a faite merite censure, & qu'il
s'est rendu digne du feu pour auoir meslé les paroles du Pere commun des Chrestiens, auec celles que luy a dicté le Pere du mensonge. Mais ie voudrois bien demander à tout homme equitable si
vous auez pû raisonnablement penser en escriuant, *il n'y a aucune
periode qui ne soit ou ignorance,* &c. qu'aux mauuaises periodes
de ce seigneur? Vous luy respondez, vous decouurez ses artifices,
vous refutez vn discours qu'il a publié contre vous, vous ne vous
attachez qu'à ce qui est de luy là dedans, vous n'entreprenez que
ses pensées, & ses deplorables raisonnemens: Et s'il est assez im-
prudent pour se seruir d'vne Bulle qu'il n'entend pas, & pour pro-
faner des termes qui deuoient luy estre respectueux, qui ne voit
qu'il doit porter tout seul, & prendre pour luy les Epitetes que
que vous auez données à ce qu'il a si miserablement debité. Il n'est
donc pas plus heureux en cette imposture qu'aux autres, & ie ne
voy pas que vous deuiez vous porter fort mal des blessures qu'il
vous fait ou qu'il croit de vous faire, ny qu'il trouue le defaut des
armes.

Mais (Monsieur) si iusques icy nous auons veu vn impertinent
Aduocat plaider impertinemment vne mauuaise cause; nous allons voir à cette heure vn mauuais plaisant monter sur le Theatre,
faire des gambades, faute de mieux, s'enfariner le visage, &
prendre peine d'enchanter la canaille auec des sottises. Ie dis la
canaille; car où est l'homme à qui il reste encore quelque estin-
celle de raison, qui puisse rire de cette entrée Tabarinesque. *Au
meurtre, au meurtre, alarme, au voigneur, au faux-monnoyeur;*
N'est-ce pas par ou debuttent tous les boufons & saltinbanques?
N'est-ce pas ce qui fait pasmer les Laquais, & les badaux? Peut

on oult de plus fades fottifes ? Et elles font couronnées par ce mot, *Chapeau bas, Crocheteurs* : Et par cét autre, *Vous ne prenez plus le titre de troifiefme Efpoux de Madame la terre.* Et c'eſt en cét endroit qu'il ſe tranſporte, & s'extaſie ; car qui ne ſe laiſſeroit tranſporter à de ſi rares conceptions, & des penſées ſi nobles & ſi nouuelles ? Elles ſortent ſans doute du beau feu que ſa juſte indignation allume dans ſon ame ; & il en rit *de grand cœur*, parce qu'vne grande ame, vn gros corps, vn grand Docteur, vn grand Boufon ne peuuent auoir qu'vn grand cœur, & que ce ſont de grandes ſottiſes qui doiuent faire grandement rire les Sectateurs du grand Democrite le Rieur, du grand Epicure le beuueur & le mangeur, *& le grand pere des atomes qui vous font tant de peur.* L'on peut ainſi touſiours rimer en proſe auec beaucoup de grace. Il rit donc *de grand cœur*, mais ſa raillerie fait grand mal au cœur, & il y a beaucoup d'apparence qu'il rira tout ſeul comme Democrite, s'il ne paye des gens pour rire.

Neantmoins voicy ſelon luy le magnifique endroit de ſa Lettre, où il s'eſt ſurpaſſé luy-meſme, où il faut que les Iean-potages, Tabarins, Turlupins, & autres, luy faſſent hommage, & le declarent Prince de la maigre boufonnerie, & le grand Maiſtre du mauuais art de boufonner ; Il ne veut pas qu'on diſe d'vn homme qu'il a l'eſprit gentil ; Il trouue mauuais qu'vn Autheur eſcriue, que ſon honneur depend de ce qu'il a deſia eſcrit, & du jugement qu'on fera de ſes Ouurages, & qu'il a fermé la bouche à ceux qui n'ont pas reſpondu aux liures publiez contre leurs mediſances, ou leurs fauſſes opinions. En fin il ſe ſert de belles apoſtrophes, & il pretend qu'ayant habillé extrauagamment vn honneſte homme, il doit paſſer auſſi-toſt pour extrauagant : Comme ſi ce n'eſtoit pas le faux Peintre qui meritaſt tres-juſtement ce tiltre dans l'eſtime de tous les Sages. Et certes, qui voudroit entreprendre les Idoles de ce fameux Aduocat en Parlement, & les traitter d'vn ſtile Burleſque qui ne fuſt pas de Prouince, auec la meſme impudence qu'il vous a traitté ; que ne diroit-on pas en ſi beau ſujet de parler ? N'eſt-il pas aiſé de faire tomber à propos l'Apotheoſe d'Epicure, & de donner en partage à noſtre Orateur qui eſt de ſa Secte, le diſcours funebre à ſa loüange, le faire meſme tourner autour du buſcher, l'habiller à la ridicule, le coiffer d'vn chaperon vert à oreilles de licure, & tout cela, *Salua Philoſophia*, puis que Seneque ſi auſtere & ſi rigide nous en a donné l'exemple ?

Ne peut-on pas les citer luy & ſon compagnon l'illuſtre Pedagogue, deuant tous les Heros, & tous les Preux, pour auoir inconſidérément donné le titre de Tres-grand à vn homme de petite ſta-
tur

ture? faire vne accusation burlesque? le faire respondre sottement selon son Genie? & faire interuenir vn Arrest celebre , par lequel la courte taille seroit renduë à qui elle appartient , les eschasses se-roient jettées au feu , & les flatteurs condamnez aux coups d'espin-gles? Mais que de matiere en cette rencontre! combien de gens auroient place en cette assemblée? Alexandre le Grand, Antioche le Grand, & Fabius le tres-grand, comme plus interessé puis qu'on vsurpe son nom, tiroient sans doute *de grand cœur* de ce qu'on met en balance les plus esclatantes actions, & les plus illu-stres victoires qui ayent iamais esté dans le monde, auec quelques escrits que peu de gens ont vantez, que beaucoup ont negligez , & qui ne font pas tant de bruit que leurs Triomphes, & leurs tro-phées. Seroit il hors d'apparence que *Maximus* montast vn Ele-phant, ou bien eust vn char traisné par des Tygres, comme Bachus apres sa conqueste des Indes? que le successeur en droite ligne du Patriarche Epicure se monstrast auec l'equipage du Pere Denis, dont la Secte n'est point ennemie? qu'il fust suiuy des Bachantes, & des bons Compagnons les plus enluminez du troupeau? de no-stre Aduocat en Parlement, & d'vn Pedagogue illustre? Il n'est rien si aisé que d'introduire des gens trauestis sur la Scene, que de peindre à la grotesque les hommes plus estimez & plus estima-bles, que de faire crier Victoire, & viue Epicure, à quiconque on produira dans ces prosepopées folastres. Nostre plaisant n'a donc pas si grand sujet de se glorifier de sa boufonnerie: s'il est couronné pour ses bons mots, ce sera par les Laquais qui trouuent les mots des enfarinez fort bons, mesme les plus detestables. S'il a pris sa raillerie pour la patricienne & la noble, dont les Anciens ont tant parlé & tant fait de cas; Il s'est trompé. C'est la populai-re, & la froide qui a tousiours fait mal au cœur aux honnestes gens; Et s'il ne m'en croit qu'il consulte ses amis du grand monde (j'en-tends de Paris, & non pas de Lion) & il sçaura d'eux sans doute qu'il est plus de mauuaises farces que de bonnes, plus de mauuais boufons que de suportables, plus de mots à s'attirer des salues de pommes & d'oranges, que les aplaudissemens & l'approbation des connoisseurs. Mais n'est-il pas admirable de se produire incessam-ment pour Grammairien & de se piquer en tant d'endroits, de sçauoir les Remarques sur la langue Françoise; lors qu'il tesmoi-gne plus d'ignorer, ie ne dis pas le bel vsage; mais le style burles-que & le comique, & mesme les plus basses expressions de nostre langue?

Il veut à aussi bon titre passer pour vn fort grand Grec , auec ces mors qu'il escrit en grosse lettre μωρός & μωρία ; D'où il deriue *Morin*, & *Morinade*. Raillerie certes à faire pitié, & pour laquel-le il ne peut s'empescher d'auoir vne tres-grande complaisance. Il ne s'est point souuenu, sans doute, que le lieu appelé *Notatio*, en Rhetorique, n'est pas compté pour grande chose par les Maistres de l'Art, & qu'on n'en tire que de tres-foibles & tres miserables preuues. Morin vient de μωρός, qui signifie vn fou, donc Morin est vn fou, cela n'est-il pas admirablement prouué ? Mais pour luy rendre son change de cette belle inuention, ne pourrois je pas dire que *Barancy* vient du mot βαραχίὰ, lequel dans Aristote est pris pour le gosier d'vn pourceau, selon la remarque de Budée. Ce qui ne conuient pas trop mal, s'il est veritable, que la voix qui en sort, est tres-aigre, & tres rude, & que les paroles & la plume de Monsieur l'Aduocat ne sont pas fort douces ; Que le pourceau se plaist dans l'ordure, & le bon Compagnon dans les plaisirs : Que le vilain animal boit & mange tousiours s'il ne dort ; & mord as-sez souuent qui n'y pense pas : Et nostre aduersaire frequente plus le Cabaret que le Barreau ; se fait souuent porter de la table au lit ; repasse dès le matin du lit à la table, & lors que les fumées du vin ne le liurent pas au Dieu Morphée, il prend la plume pour escrire de mauuaises satyres, où il exprime toute la fureur, tous les trans-ports, & tous les Enthousiasmes du glorieux Pere Denis le Grand Conquerant des Indes. Mais ie croy qu'en cecy ie perds mon temps, & que Barancy n'est pas son vray nom ; Car depuis deux jours i'ay bien appris des nouuelles de ce Pelerin, qui s'estant enfuy de son pays, se vint refugier à Lyon l'an 1638. accompagné d'vne femelle de bonne mine : ou des trois vœux de la vie Monastique, ils prati-querent d'abord celuy de la pauureté si rigoureusement (mais in-uoluntairement) qu'ils ne couchoient pas seulement dans vn lict pour jouyr de leur volupté, mais sur des treteaux. Et la pauure mal-heureuse estant morte de peste à Lyon, il s'y maria, & dans son Contract de Mariage, se nomma Barancy, de Paris ; bien qu'on tienne qu'il est de Lorraine, ou de la Franche-Comté. Voila ce qu'vn mien Amy m'escrit de Lyon. Or s'il a falsifié son lieu na-tal (n'estant pas de Paris) qui doutera qu'il n'aye encor plus soi-gneusement falsifié son nom ? Mais reuenons à sa Lettre ! & re-marquons en passant les principaux confidens du *Maximus* : & les supposts de la Secte d'Epicure.

Il ne veut pas qu'on trouue estrange, que l'historien moderne d'E-picure ait entrepris de faire vn saint de ce grand personnage qui a

paſſe toute ſa vie dans de beaux Iardins à ſe joüer auec d'honneſtes
gens, & à enſeigner la volupté aux plus belles filles de ſon ſiecle, &
plus capables de ſes dogmes & de ſes maximes. Car qui peut trouuer mauuais dans le Chriſtianiſme, qu'on Canoniſe vn Philoſophe
de ſi grande reputation? Vn philoſophe qui a nié l'immortalité de
l'ame, & la prouidence de Dieu: ſinon quelqu'*eſprit mal-fait, foible, bigot, & ſuperſtitieux*? Qui a-t'il à dire à cela? n'eſt-il pas rai-
ſonnable que celuy dont on va publier les ſentimens, ait l'eſtime du
monde poly & ſpirituel; afin qu'ils ſoient receus & embraſſez auec
ioye, & que chacun paſſe volontiers de l'eſcole ſacrée de IESVS-
CHRIST, dans les prophanes Iardins d'Epicure? Certes il y a dequoy
s'eſtonner que vous ayez trouué mauuais vn ſi beau & ſi fructueux
deſſein, vn ſi beau trauail en vn Preſtre & en vn homme qui vit de
l'Autel du Fils de DIEV. Et vous meritez tres iuſtement qu'on
vous diſe, apres vne telle extrauagance, *N'eſt-ce point vous, ou quelque ſot de Pedans de meſme farine?* (remarqués que la farine luy plaiſt)
*O que nous en rirons, courage, apreſtez vous, mettez la meche ſur le ſer-
pentin, ſouflés, tirés, helas il eſt mort, chantez victoire,* &c. Ne voila
t'il pas la plus belle rirade qui fut jamais? vn effort d'eſprit, & vne
ſaillie de Cabaret? vn emportement de la place Dauphine? vn En-
thouſiaſme des petites Maiſons? Ie ſuis certes, tantoſt au bout de
ma patience; ie ne puis exprimer le degouſt que i'ay de ces ſotriſes;
ie ne puis ſupporter d'auantage cette miſerable farce; Et ce maigre
boufon me rebutte ſi fort dans toute ſa Satyre, que bien loin de rire
de ſes meſchans bons mots, il me prend enuie de la mettre en pieces, & ie me repens d'auoir entrepris d'y reſpondre.

Le voicy qui remet ſon Heros ſur ſes eſchaſſes, & qui vous rend
plus petit qu'vn de ſes atomes; le voicy qui s'emporte & qui vous
commande de vous mettre bas. Mais ſon raiſonnement eſt-il ſuportable, quand il dit, que vous auez rendu teſmoignage de l'habilité
de *Maximus*, que vous auez eſcrit, *vir inter huiuſce temporis doctos
valde celebris? Que ſa probité & ſa ſcience ſont reconües de l'Europe, &
vous auez cette bonne opinion de vous meſme que vous valés autant que
luy? du moins ſi vous le penſez, vous ne le deuriés pas dire, de peur d'eſtre moqué, & moins encor l'Imprimer, n'eſt-ce pas s'expoſer publiquement à la riſée d'vn chacun?* conſiderés les nobles faſſons de parler. Ce raiſonnement dis-ie, eſt-il ſuportable? & vn ſobre l'a-t'il
pu faire? vous auez loüé vn homme de ſon habilité, & de ſon ſçauoir, donc vous ne ſçauez rien; vous confeſſés que ſon ſçauoir & ſa
probité ſont reconües de toute l'Europe, donc vous n'aprochés en
aucune façon de ſa ſuffiſance; ſont-ce là des argumens en forme?

font-ce des preues qui foient de mife? font-ce des machines à vous renuerfer? Et cependant il triomphe, & il fe perfuade que la Déeffe Perfuafion à bafty fon temple fur fes leures comme on a dit autres fois de Pericles, & qu'il doit eftre nommé l'Olympien, à plus jufte titre que ce grand maiftre de l'Eloquence. Il vous accufe auec autant de fuccés de donner dans le galimatias, lors que vous efcriués parlant de *Maximus*, j'ay veu toutes fes productions, & il n'a pas vu toutes les miennes. Il vous dit, *Ou vous parlés des productions imprimées, & en ce cas vous aués raifon de dire que Monfieur n'a pas veu toutes les votres; ou vous parlés de celles qui ne le font pas, & en ce cas, auez vous raifon de dire que vous auez veu toutes les fiennes?* Mais fi ie refpons que vous auez entendu, comme il eft vray, en difant, j'ay veu toutes fes productions; celles qu'il a mifes au iour: Et que quand vous auez adioufté, & il n'a pas veu toutes les miennes, vous voulez dire, *l'Aftrologia Gallica*; où eft le galimatias qu'on vous reproche? faut-il vn grand effort pour renuerfer ce trophée? l'obfcurité & les tenebres qu'on vous obiecte, paroiftront-elles en ces paroles? Eft-il vray de dire que vous ne fçauez ce que vous dittes? N'eft-ce pas former des nuages, & les refpandre au deuant du Soleil afin de l'accufer d'auoir perdu fa lumiere? Car en effet votre ASTRONOMIA RESTITVTA, & votre ASTROLOGIA GALLICA, qui ont efté vos deux grands deffeins; font deux productions de votre Genie, & non pieces derobées ou ramaffées, que le *Maximus* na iamais rien fait, ny ne fera iamais rien, qui en la comparaifon ne luy faffe honte de fe faire donner le nom de *Maximus*, & à vous le nom de Pigmée.

Cependant (Monfieur) *vous auez bien peu de lumiere d'efprit, & vous manquez bien de fens commun, de comparer votre Aftrologie Françoife à vn habit, puis qu'vn habit n'eft que pour vn feul, & qu'il faut encore qu'il foit de votre taille. Si c'eftoit encore vne Cafaque on s'en accomoderoit mieux, que dites vous à cela, que ie fuis vn badin, donnez moy la main, & allons de compagnie.* Quelle froide facetie, quelle pauure turlupinade, ou eft le fel & la pointe de ces bons mots? Mais ie voy bien ou le mal luy tient; toutes comparaifons font odieufes, lors quelles ne regardent pas les commoditez, & les plaifirs du corps, *vous la deniez comparer à vn Palais magnifique, à vn arbre chargé de bons fruicts, à vne fontaine d'Ambroifie, il y auroit là dequoy loger plufieurs perfonnes, plufieurs pourroient tafter de vos fruits, plufieurs y courroient pour y boire*, Et vous voyez clairement dans ces raifons le genie de la fecte. Car les bonnes gens ayment fort les maifons magnifiques, ou les lits font bons, les morceaux friands,

& le vin delicat ; Ils ayment les bons fruits & tout ce qui flatte le Palais ; Ils courent aussi tost qu'il est question de boire, & à faute d'ambroisie, ils boiuent tousiours du meilleur.

Mais pour faire voir en peu de paroles, que la comparaison de votre Astrologie Françoise à vn habit est bonne & meilleure incomparablement dans le sens que vous la prenez, que pas vne de celles qu'il voudroit prendre, & qu'il vous propose ; Il est question d'vn Liure qui n'a pas encore veu le jour, vous voulez monstrer qu'il est tout de votre inuention, qu'il contient mille choses rares & nouuelles, que vous auez descouuertes dans l'Astrologie ; des Contrées que les autheurs anciens & modernes n'ont point connuës, quoy qu'ils les ayent cherchées auec grand trauail : Et vous dites que ce Liure est semblable à vn habit tout neuf & magnifique ; vn habit d'vne estoffe riche & precieuse, enrichy de broderie nouuelle & delicate, taillé & coulu à la mode, embely de tous les ornemens qui luy conuiennent ; Et tout cela ne se dit-il pas d'vn ouurage de l'esprit ? que la matiere en est precieuse, quelle est enrichie de nouuelles inuentions, quelle est traittée delicatement, qu'on luy a donné l'air & le beau tour du siecle, qu'on y a gardé l'ordre qui est à propos en la distribution des choses. Hé (Monsieur) où est ce que l'extrauagance paroist en cecy, que dans la ceruelle du Censeur, & dans le texte de sa Lettre ?

Ie ne diray rien maintenant de l'Astrologie qu'il mesprise, ie passe l'endroit où il parle de cette Reyne des sciences humaines, puis qu'il l'ignore, ie laisse enfin le reste de son escrit qui ne merite pas de response, par ce qu'il à dessein d'y traitter ce qu'il n'entend pas. Et ie luy veux donner charitablement ces aduis, qu'il ne s'amuse plus a escrire, si les plus courtes folies sont les meilleures : Qu'il ne boufonne jamais, à cause qu'il y reüssit mal, & qu'il est messeant à vn Aduocat en Parlement ; Qu'il suprime la seconde, & la troisieme partie de ses commentaires sur votre Lettre à la Roche, puis qu'il n'a pas esté fort heureux au premier : Qu'il estudie auec plus de soin les Remarques sur la langue Françoise, par ce qu'il ne parle pas François quand il se pique de le bien parler. Qu'il se rende plus juste estimateur des ouurages de l'esprit ; rabaissant de beaucoup ceux qu'il a esleués, & releuast ceux qu'il à voulu deprimer : Qu'il renonce à la belle humeur du pere des Atomes, ce Democrite le rieur, qui rioit de si mauuaise grace, que ceux d'Abdere le creurent fol le voyant rire : Qu'il se retire de la secte, & qu'il rompe auec les Sectateurs d'Epicure, par ce que la societé en est dangereuse, & la doctrine scandaleuse. En fin qu'il reconois-

se cette grande verité qu'il n'a pu s'empescher d'escrire à la fin de
sa Lettre, qu'il ennuye le monde apres dix ou douze pages, car ie
pourrois tesmoigner qu'il ennuye mesme dés la premiere; & que ie
ne m'ennuyay jamais tant en toute ma vie qu'en lisant sa longue &
ennuyeuse Lettre qu'il nous a donnée comme le grand effort de son
esprit, & vn diamant de la vielle roche. Et sans la priere que vous
m'auez faite qui m'a tenu lieu de commandement, j'aurois plutost
souffert la gesne mille fois que de perdre mon temps à examiner
ces sottises.

Mais (Monsieur) ie vous plaint extremement de ce qu'ayant si
bien merité du siecle, vous soyez si cruellement traitté par le sie-
cle:que ceux qui deuroient vous couronner,vous iettent des pierres:
qu'on vous dise des injures, lors que toutes les bouches deuroient
estre remplies de vos loüanges : qu'on fasse des Satyres,au lieu des
Panegyriques. Et ie pense vous deuoir consoler par cette reflexion
que i'ay faite, que ce traitement si fascheux & si cruel que vous re-
ceuez aujourd'huy, a esté la destinée de tous les grands hommes, &
que les plus doctes & les plus vertueux ont tousiours souffert persecution. Socrates fut appellé le boufon dans Athenes, & celuy qui
auoit esté declaré le plus sage de toute la Grece par la propre bouche du Dieu des Grecs, passa pour vn plaisant, & pour vn meschát
parmy ses Citoyens. Platon a esté creu vn resueur par les mesmes
gens, & ceux qui l'appellerent le diuin furent bafoüez Aristides
fut banny d'Athenes, par ce qu'il estoit juste, & reconu pour tel:
Aristote mesprisé,& traité de sophiste importun : & c'estoit l'enuie
(Monsieur) qui faisoit ainsi la guerre à la vertu. Il y a'enuiron deux
mille ans quelle exerçoit toute cette rage,& elle n'a pas chágé d'humeur depuis; Elle a agy auec la mesme cruauté ôtre tout ce qu'il y
a eu d'illustre dás tous les siecles, & auiourd'huy elle respád encore
son venin sur ce qu'il y a de meilleur parmy nous. C'est seulement
l'excellence quelle attaque; elle mesprise les personnes vulgaires,
elle dedaigne ce qui est bas,& ce qui rampe;Il faut luire pour se l'attirer sur les bras,& pour peu qu'on brille, elle est aussi tost ennemie.
Il vous est donc plus glorieux que honteux qu'elle vous ait declaré
la guerre, vous n'estes pas perdu pour auoir eu des marques de sa
cruauté, & l'on ne deuient point son esclaue dés qu'elle a mis l'espée à la main. Au contraire, voicy vn estrange effet d'vne si mauuaise cause; Elle releue & honore tost ou tard quiconque elle a entrepris d'oprimer & de diffamer : les coups auec quoy elle pretend
de donner la mort s'ils portent, s'ils blessent, & s'ils laissent quelque cicatrice, embelissent tousiours la partie qui les à receus; &

jamais perſonne n'en fut pourſuiuy, qu'il n'en creuſt de reputation. Mais auſſi elle rend infames les miniſtres de ſa tyrannie: Et de meſme que certains barbares pour ſe vanger des injures de l'air qu'ils prenoient pour des injures qui leur eſtoient faites par les Dieux, decochoient leurs fleches contre le Ciel, en teſmoignage de leur indignation & de leur reſſentiment, leſquelles leur tomboient aſſés ſouuent ſur la teſte, & leur faiſoient couure fortune de la vie, ſi elles ne la leur eſtoient tout à fait: ainſi les enuieux dans la haine qu'ils portent aux perſonnes de merite, quand ils ont lancé leurs traits, & reſpandu leur vmin, & leur mediſance, ſe font d'ordinaire plus de mal qu'aux innocens qu'ils rendent l'obiet de leur rage; par ce qu'ils ſe ruinent, & ſe perdent dans l'eſtime des gens d'honneur. Car en fin ils font voir trop clairement que le bien d'autruy cauſe leur mal; ils monſtrent trop manifeſtement que les ſujets quils trauaillent, poſſedent les bonnes qualitez qui leur manquent; ils ſe decouurent, ils publient leurs defauts, & ils declarent que le plus grand qu'ils ayent, c'eſt vne haine irreconciliable pour la vertu. Si bien (Monſieur) qu'il eſt clair, qu'il n'y a que de la gloire à attendre de l'injuſtice qu'on vous fait: que les libelles qu'on debite contre vous, vous ſeront enfin tres auantageux, & que les plumes les plus empoiſonnées eſtabliront dauantage votre grande reputation. Et ſi Seneque à dit vne verité, que tous les Philoſophes de toutes les Sectes ont reconuë, & que les Chreſtiens n'ont point reietté quand il a eſcrit, *qui inuidet, minor eſt*, il a prononcé il y a ſeize cens ans en votre faueur: & il vous a placé dés ce temps là, ſans ſonger à vous au deſſus de tous nos ennemis; Dont la Nature ne vous à pas indiqué vn petit nombre en votre naiſſance; quand elle vous à mis le Soleil la Lune, Saturne, Iupiter, & Venus dans la 12. maiſon qui eſt des ennemis, & Mercure ſur le bord en la 11. n'eſtant eſloigné centralement de la 12. que d'vn degré 12. minuttes, choſe tres digne de remarque en l'Aſtrologie. Mais ſur tout eſt à remarquer que Saturne y eſt auec ſes deux ſatellites; Planettes obſcurs, incognus cy-deuant, & qu'on ne peut diſcerner qu'auec vn bon Teleſcope: Et eſtans obſeruez on leur voit changer de face, & de poſture; tout de meſme qu'à Barancy & Neuré les deux ſatellites de votre Saturne terreſtre: qui changent leur nom, & paroiſſent tantoſt fauſſaires, tantoſt impoſteurs, tantoſt ſourbes, & finalement Bouſſons.

Voila (Monſieur) ce qui me ſemble de la Satyre qu'on a publiée contre vous, & des ſuittes que doiuent auoir la malignité du temps, & l'injuſtice des hommes. Peut-eſtre que dans ce jugement

que ie vous enuoye, ie n'ay pas touché fort loin du but, & peut-
eftre auffi qu'vn autre auroit mieux refpondu au mauuais libelle
qui ne meritoit pas de refponfe. Quoy qu'il en foit i'ay obey à voftre commandement, & i'ay touſiours la fatisfaction de vous auoir
témoigné en cette rencontre que ie fuis,

MONSIEVR,

A Paris ce 3. Decembre 1649.

Votre tres-humble & tres-affectionné
feruiteur G. M.

Fautes de l'Impreſſion.

PAge 1. ligne 18. oftez *de* : lig. derniere liſez *deux* : pag. 7. lig. 9.
liſez *hoc* : pag. 8. lig. 4. liſez *gallica* : pag. 10. lig. 27. liſez *ſpha-*
ram : pag. 21. lig. 31. oftez *que* : pag. 24. lig. 24. liſez *auez vous* :
pag. 29. lig. 16. liſez *cauſes* : lig. 34. liſez *qui* : pag. 53. lig. 15. liſez
mais : pag. 57. lig. 40. liſez *Docteur* : lig. 41. liſez *point* : lig. 42. liſez *mieux* : pag. 59. ligne penultieme liſez *de peur* : pag. 60. lig. 13.
liſez *en* : pag. 61. lig. 19. liſez *berne* : lig. 21. liſez *dire*.

Contraste insuffisant

NF Z 43-120-14

www.ingramcontent.com/pod-product-compliance
Lightning Source LLC
Chambersburg PA
CBHW061801050726
47598CB00002B/822